2018年度

全国农业科研机构年度工作报告

中国农业科技管理研究会
农业农村部科技发展中心　编著

中国农业科学技术出版社

图书在版编目（CIP）数据

全国农业科研机构年度工作报告. 2018年度 / 中国农业科技管理研究会，农业农村部科技发展中心编著. —北京：中国农业科学技术出版社，2019.12

ISBN 978-7-5116-3559-4

Ⅰ.①全… Ⅱ.①中… ②农… Ⅲ.①农业科学—科学研究组织机构—研究报告—中国—2018 Ⅳ.① S-242

中国版本图书馆 CIP 数据核字（2020）第 011513 号

责任编辑　张志花

责任校对　马广洋

出　版　者　中国农业科学技术出版社

　　　　　　北京市中关村南大街 12 号　邮编：100081

电　　　话　（010）82106636（编辑室）（010）82109702（发行部）

　　　　　　（010）82109709（读者服务部）

传　　　真　（010）82106631

网　　　址　http://www.castp.cn

经　销　者　各地新华书店

印　刷　者　北京地大天成文化发展有限公司

开　　　本　889 毫米 ×1194 毫米 1 /16

印　　　张　10.75

字　　　数　215 千字

版　　　次　2019 年 12 月第 1 版　2019 年 12 月第 1 次印刷

定　　　价　128.00 元

编辑委员会

前　言

　　为了及时反映我国农业科研机构改革与发展状况，总结交流省级以上农业科研单位工作进展和科研成果，以各单位在过去一年的基础信息分析和最新成果凝练为重点，根据科技部提供的地市级以上农业科研机构年度统计数据和全国省级以上农（牧、垦）业科学院征集的资料，整理编撰了全国农业科研单位 2018 年度工作报告。

　　本报告分为两个部分，第一部分为基础数据汇总分析，主要反映全国地市级以上（含地市级）农业科研机构、人员、经费、课题、基本建设和固定资产、论文与专利、研究与开发活动、对外科技服务情况等数据，并附相应的图表。第二部分为省级以上农科院年度工作报告，由省级以上农业科研单位提供，主要反映省级以上农业科研机构的基本情况和年度科研工作取得的成效。

　　本报告可为各级农业主管部门以及广大的农业科技工作者研究、分析和掌握科研机构的工作成效提供翔实资料和依据，为深化科研单位体制改革、提升农业科研水平提供决策参考。

编著者

2019 年 11 月

目 录

第一部分　统计数据分析

第二部分　省级以上农科院年度工作报告

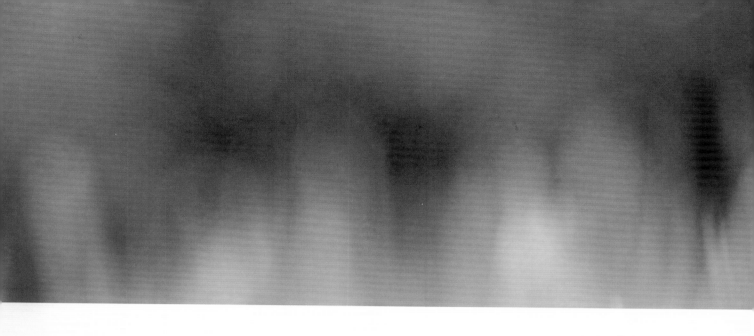

第一部分｜统计数据分析

一 机构

2018年全国地市级以上（含地市级）农业部门属全民所有制独立研究与开发机构（不含科技情报机构，以下简称"科研机构"）共有1016个，绝对数比上年减少19个。其中部属科研机构70个（含部属"三院"及中国兽医药品监察所、全国农业技术推广服务中心、农业农村部规划设计研究院、农业农村部农业机械试验鉴定总站、中国动物疫病预防控制中心、农业农村部优质农产品开发服务中心）；省属科研机构411个，比上年减少26个；地市属科研机构535个，绝对数比上年增加8个。部属、省属和地市属科研机构数量分别占科研机构总数的6.89%、40.45%、52.66%。种植业绝对数比上年增加16个，畜牧业绝对数与上年减少6个，渔业绝对数比上年减少11个，农垦绝对数比上年减少9个，农机化绝对数比上年减少9个。种植业、畜牧业、渔业、农垦、农机化科研机构分别占科研机构总数的67.323%、12.402%、8.563%、3.543%、8.169%（图1-1至图1-8）。

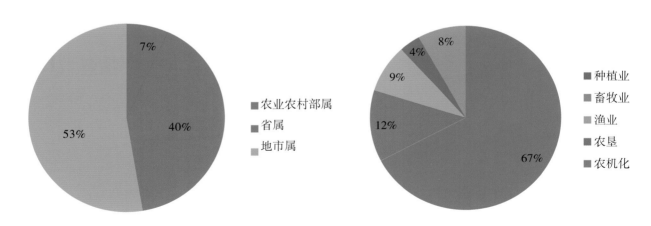

图1-1　部属、省属和地市属科研机构数量比重　　　　图1-2　各行业在科研机构中所占比重

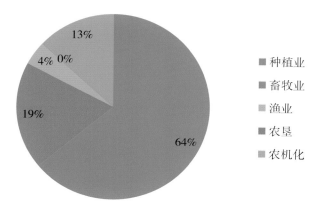

图 1-3　华北地区各行业在科研机构中所占比重

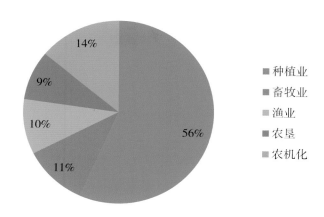

图 1-4　东北地区各行业在科研机构中所占比重

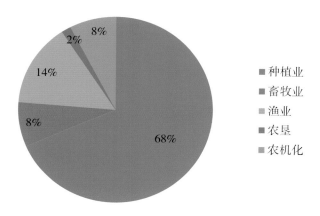

图 1-5　华东地区各行业在科研机构中所占比重

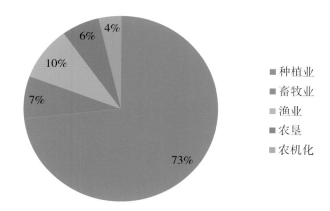

图 1-6　中南地区各行业在科研机构中所占比重

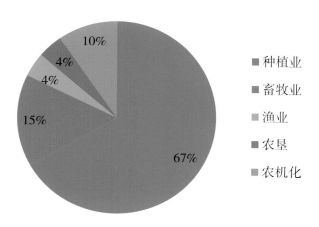

图 1-7　西南地区各行业在科研机构中所占比重

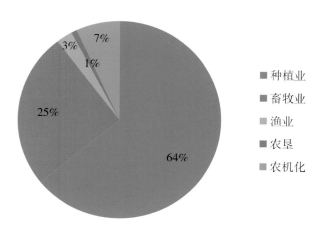

图 1-8　西北地区各行业在科研机构中所占比重

二 人员

1. 全国农业科研机构人员构成情况

2018 年，全国农业科研机构职工及从事科技活动人员分别为 8.33 万人和 6.98 万人。科研机构职工人数同比减少了 2.46%，从事科技活动人员同比增加了 1.16%。在从事科技活动人员中，科技管理人员占 15.43%，比上年增加了 0.42%；课题活动人员占 66.32%，比上年减少了 0.6%；科技服务人员占 18.24%，比上年增加了 1.01%。在从业人员中，从事生产经营活动人员占 4.57%，比上年减少了 2.79%。离退休人员比上年减少了 3.98%。农业农村部属科研机构职工占从业人员的 18.09%，比上年增加了 0.65%；省属科研机构职工占从业人员的 48.10%，比上年减少了 1.27%；地市属科研机构职工占从业人员的 33.81%，比上年增加了 0.62%。从行业来看，种植业科研机构职工最多，占从业人员的 67.62%；农机化科研机构职工最少，占从业人员的 4.01% (图 1-9 至图 1-11)。

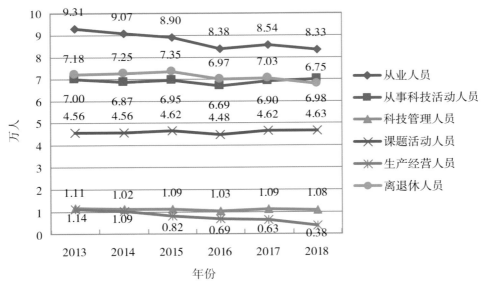

图 1-9　2013—2018 年全国农业科研机构人员变化趋势

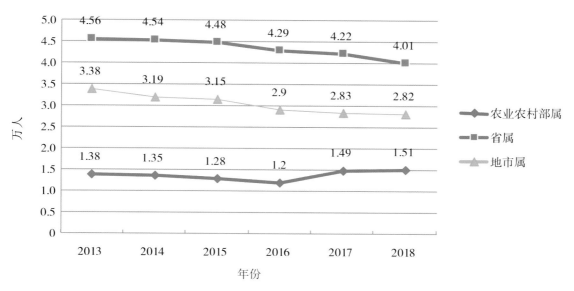

图 1-10　2013—2018 年农业农村部属、省属、地市属农业科研机构人员变化趋势

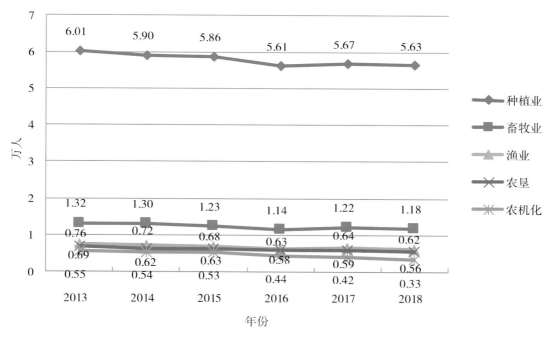

图 1-11　2013—2018 年从事种植业、畜牧业、渔业、农垦、农机化科研机构人员变化趋势

2. 全国农业科研机构从事科技活动人员学位、学历和职称情况

2018 年全国农业科研机构从事科技活动的人员总数为 6.98 万人，比上年同比增加了 1.16%。其中，具有大专及其以上学历的有 6.21 万人（62 127 人），占从事科技活动总人数的 88.96%，比上年增加 1.46%。具有中高级职称人员 4.71 万人（47 128 人），占从事科技活动总人数的 67.48%，比上年减少 1.77%。高级、中级和初级职称人员数量比例为 1 ： 0.92 ： 0.42（图 1-12、1-13）。

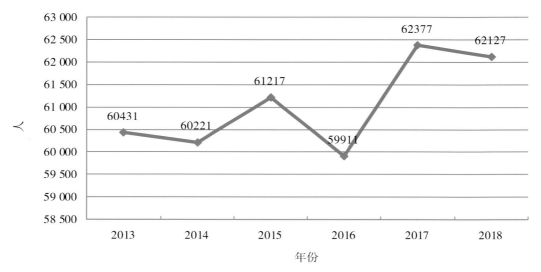

图 1-12　2013—2018 年具有大专及以上学历人员变化趋势

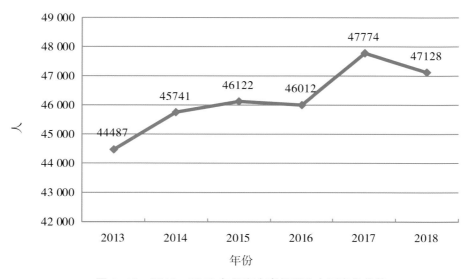

图 1-13　2013—2018 年具有中高级职称人员变化趋势

3. 全国农业科研机构人员流动情况

2018 年全国农业科研机构新增人员 3 881 人，比上年同比增加 17.5%。其中应届高校毕业生占新增人员的 33.70%，比上年减少 10.2%。新增人员主要集中在省属机构中，占 55.96%。同年，减少人员 3 440 人，主要为离退休人员，占减少人员总数的 61.80%（图 1-14、图 1-15）。

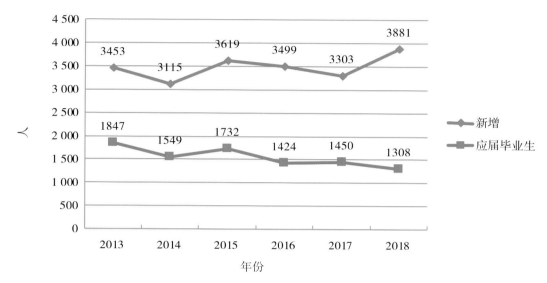

图 1-14　2013—2018 年全国农业科研机构新增人员与新增人员中应届高校毕业生的变化趋势

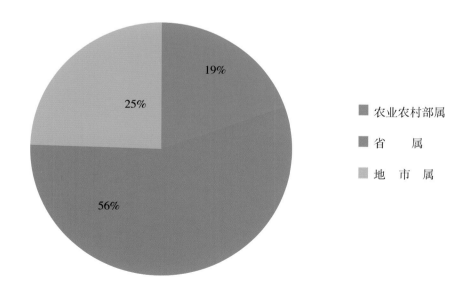

图 1-15　2018 年农业农村部属、省属、地市属农业科研机构新增人员的比重

三 经费

1. 全国农业科研机构经常费收入情况

2018 年全国农业科研机构总收入 347.97 亿元，比上年同比增长了 4.55%。国家对农业科技投入为 263.42 亿元，占年总收入的 75.70%，比上年增长 0.43%。非政府资金收入为 43.89 亿元，占年总收入的 12.61%，比上年增加了 0.06%。部属科研机构年总收入比上年同比增加 4.78%，其中国家拨款占部属科研机构年总收入的 68.89%，生产经营收入占部属机构年总收入的 1.15%。就行业来看，政府拨款中种植业占的比重最大（图 1-16）。

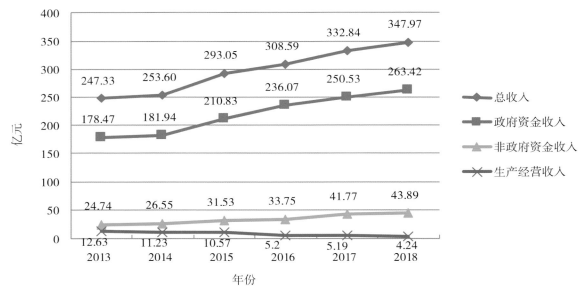

图 1-16　2013—2018 年全国农业科研机构收入状况的变化趋势

2. 全国农业科研机构经常费支出

2018 年全国农业科研机构经费内部支出总计 327.18 亿元，比上年同比增加了 6%。从整体支出项目来看，科技活动支出最多，占总支出的 85.28%（图 1-17）。

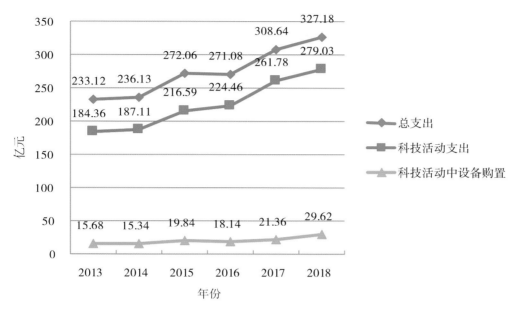

图 1-17　2013—2018 年全国农业科研机构经费内部支出状况的变化趋势

四 基本建设和固定资产情况

2018 年全国农业科研机构基本建设投资实际完成额 34.02 亿元，比上年同比增长 4.65%，其中科研土建工程实际完成额所占比重最大，占基本建设总投资额的 57.50%，比上一年增长 4.08%。科研基建完成额 32.30 亿元，比上年同比增长 4.57%，其中政府拨款 28.47 亿元，占科研基建的 88.14%，与上年基本持平。从行业来看，种植业的基本建设投资实际完成额所占比重最大，占 58.94%，比上年下降 4.12%。

2018 年全国农业科研机构年末固定资产原价 450.64 亿元，比上年同比增长 13.30%。其中科研房屋建筑物 168.21 亿元，占固定资产的 36.36%，比上年增长 16.31%；科研仪器设备 177.95 亿元，占固定资产的 39.49%，比上年增长 15.25%（图 1-18 至图 1-25）。

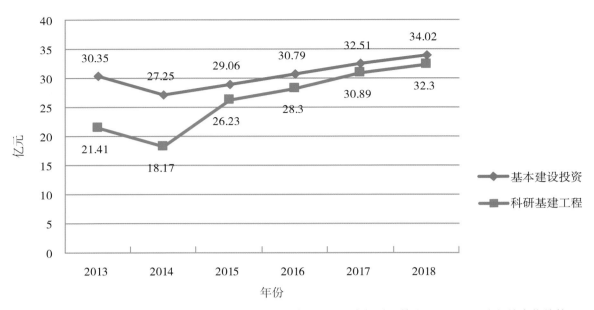

图1-18　2013—2018年全国农业科研机构基本建设投资与科研基建工程实际完成额的变化趋势

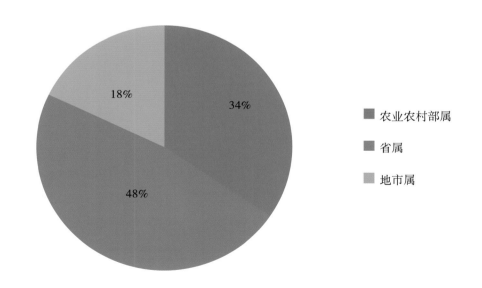

图1-19　2018年农业农村部属、省属、地市属科研机构基本建设投资实际完成额的比重

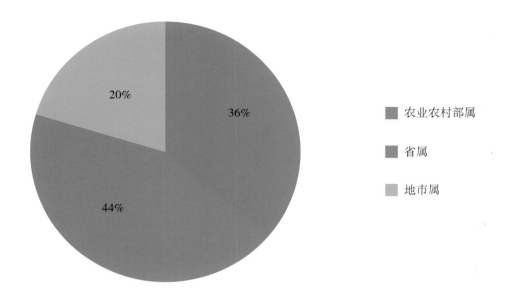

图 1-20　2018 年农业农村部属、省属、地市属科研机构科研土建工程实际完成额的比重

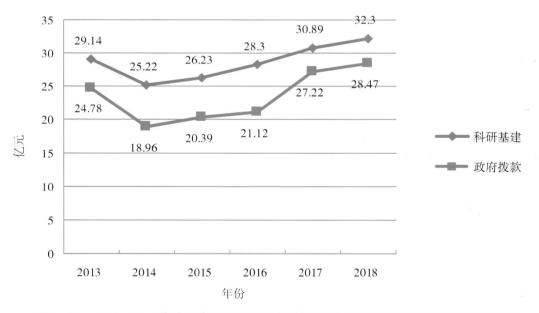

图 1-21　2013—2018 年全国农业科研机构科研基建与对科研基建的政府拨款状况变化趋势

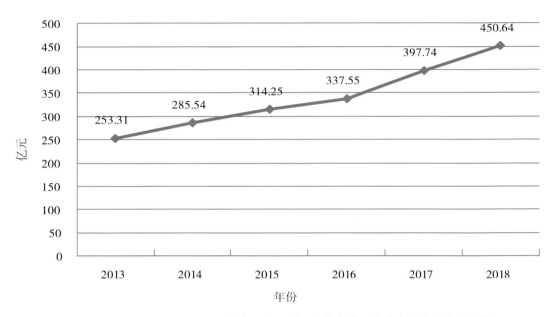

图 1-22　2013—2018 年全国农业科研机构年末固定资产原价的变化趋势

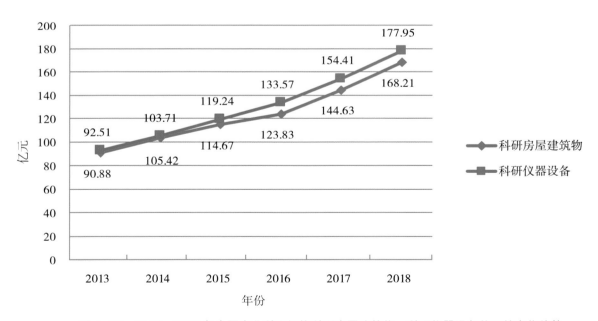

图 1-23　2013—2018 年全国农业科研机构科研房屋建筑物、科研仪器设备状况的变化趋势

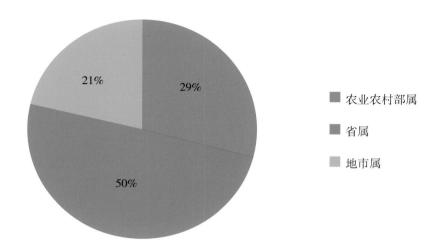

图 1-24　2018 年农业农村部属、省属、地市属农业科研机构科研
房屋建筑物年末固定资产原价所占比重

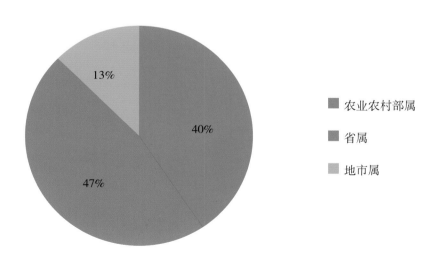

图 1-25　2018 年农业农村部属、省属、地市属农业科研机构科研
仪器设备年末固定资产原价所占比重

五 课题

2018 年全国农业科研机构课题数量比上年同比增长 41.38%。课题经费内部支出 127.29 亿元，比上年同比增长 6.07%。投入人力折合全时工作量约为 5.26 万人年。在开展的课题中，试验发展类课题数量最多，占课题总数的 39.06%；其投入经费也最多，占经费内部支出的 46.98%，比上年增长了 3.49%（图 1-26 至图 1-33）。

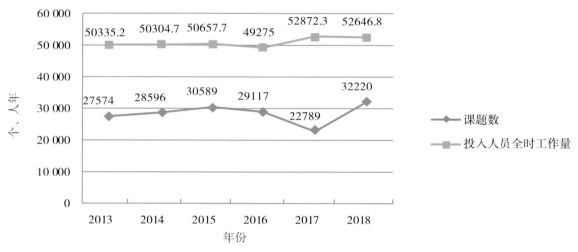

图 1-26 2013—2018 年全国农业科研机构课题数量与投入人员的变化趋势

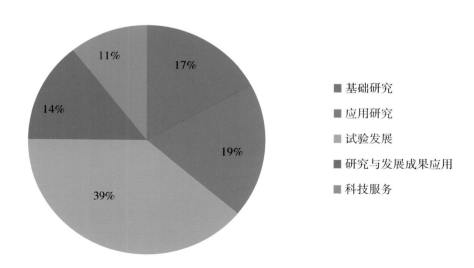

图 1-27 2018 年农业科研机构不同类型课题的课题数量与投入人员所占比重

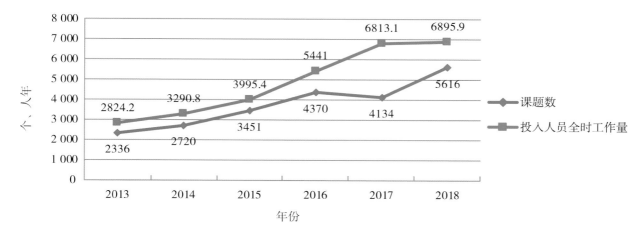

图 1-28　2013—2018 年农业科研机构中基础研究课题数量与投入人员的变化趋势

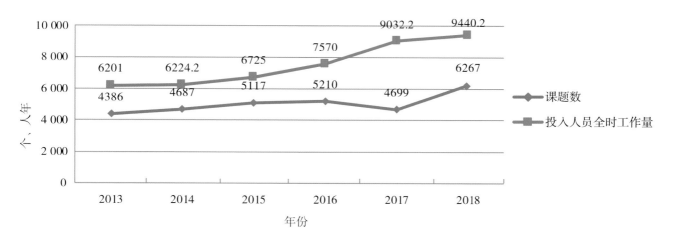

图 1-29　2013—2018 年农业科研机构中应用研究课题数量与投入人员的变化趋势

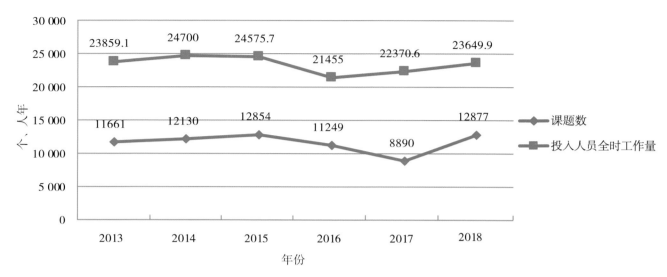

图 1-30　2013—2018 年农业科研机构中试验发展课题数量与投入人员的变化趋势

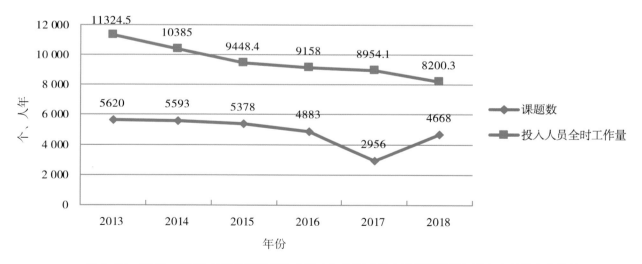

图 1-31　2013—2018 年农业科研机构中研究与发展成果应用课题数量与投入人员的变化趋势

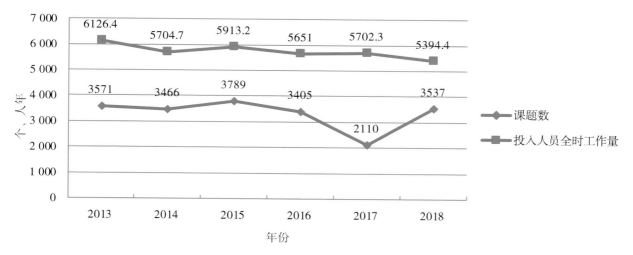

图 1-32　2013—2018 年农业科研机构中科技服务课题数量与投入人员的变化趋势

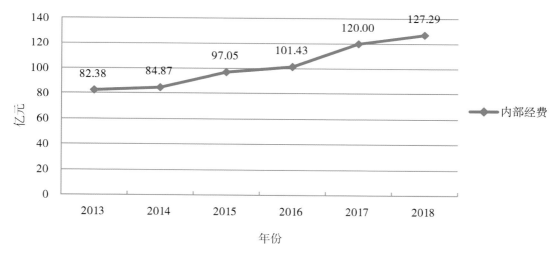

图 1-33　2013—2018 年全国农业科研机构课题经费内部支出的变化趋势

六 论文与专利

2018 年全国农业科研机构发表科技论文数量比上年同比减少 1.28%，其中在国外发表的论文数量占发表论文总数量的 20.94%，比上年增长 2.09%。出版的科技著作同比下降 8.83%。

2018 年全国农业科研机构专利申请受理总数比上年同比增长 15.86%，专利授权数量比上年同比增长 26.64%（图 1-34 至图 1-36）。

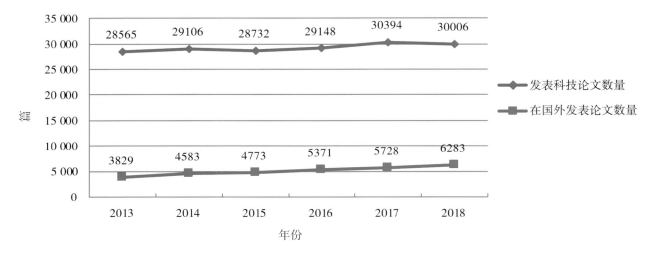

图 1-34　2013—2018 年全国农业科研机构发表科技论文数量及在国外发表论文数量的变化趋势

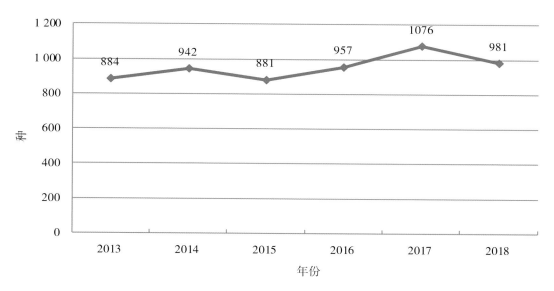

图 1-35 2013—2018 年全国农业科研机构出版科技著作的变化趋势

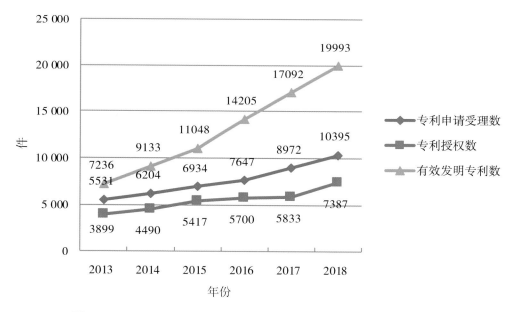

图 1-36 2013—2018 年全国农业科研机构专利申请受理数和授权数的变化趋势

七 R&D 活动情况

1. 全国农业科研机构 R&D 人员及工作量情况

2018 年全国农业科研机构 R&D 人员比 2017 年同比增长 1.65%，具有本科及其以上学历的有 45 098 人，占总人数的 82.54%，比上年增长 0.91%。R&D 人员折合全时工作量 4.78 万人年，比上年同比增长 1.74%，其中研究人员折合全时工作量 3.26 万人年，占总数的 68.30%（图 1-37、图 1-38）。

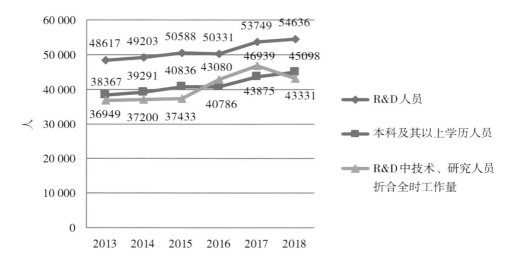

图 1-37 2013—2018 年全国农业科研机构 R&D 人员及其以上学历人员和 R&D 中技术、研究人员折合全时工作量的变化趋势

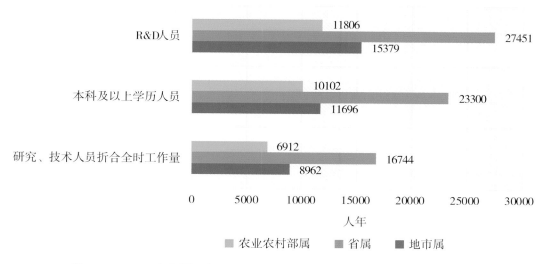

图 1-38　2018 年部属、省属、地市属的农业科研机构 R&D 人员折合全时工作量和
研究、技术人员折合全时工作量情况

2. 全国农业科研机构 R&D 经费支出情况

2018 年全国农业科研机构 R&D 经费内部支出 193.56 亿元，比上年同比增长 7.25%。其中经常费支出最多，为 173.86 亿元，占总支出的 89.82%，比上年下降了 1.01%；经常费支出中，试验发展费支出最多，占经常费支出的 60.55%，比上年增长 4.15%；其次是应用研究经费支出，占经常费支出的 25.03%，比上年下降 2.06%；基础研究经费支出最少，占经常费支出的 14.42%，比上年下降 2.09%。从隶属关系来看，省属机构 R&D 活动经费内部支出最大，占总经费内部支出的 51.59%；从行业来看，种植业科研机构 R&D 活动经费内部支出最多，占总经费内部支出的 68.82%，比上年增长 2.57%（图 1-39 至图 1-42）。

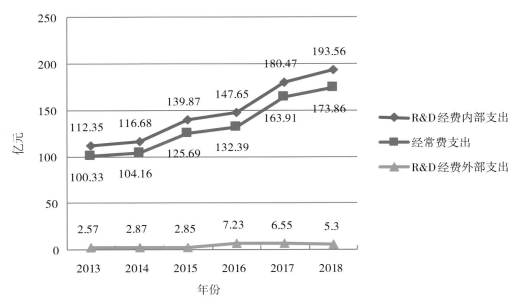

图 1-39　2013—2018 年全国农业科研机构 R&D 经费内部支出、经常费支出和 R&D 经费外部支出的变化趋势

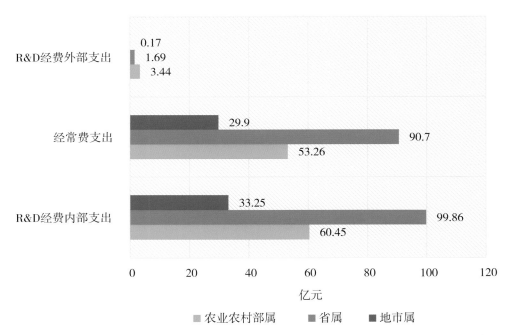

图 1-40　2018 年农业农村部属、省属、地市属的农业科研机构 R&D 经费内部支出、
经常费支出和 R&D 经费外部支出情况

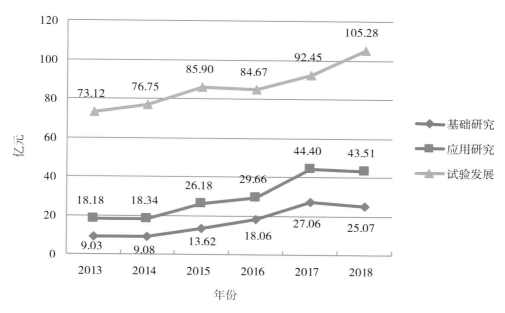

图 1-41　2013—2018 年全国农业科研机构试验发展、应用研究和基础研究经费支出的变化趋势

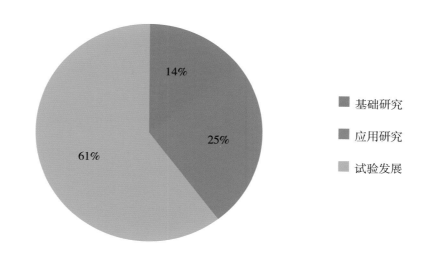

图 1-42　2018 年全国农业科研机构试验发展、应用研究和基础研究经费的支出比重

八 对外科技服务活动情况

2018 年全国农业科研机构开展对外科技服务活动工作总量 3.51 万人年，比上年同比增长了 2.12%，其中科技成果的示范性推广工作量比较大，占科技服务活动工作总量的 35.65%。从隶属关系看，省属科研机构对外科技服务量最大，占科技服务工作量的 41.49%；从行业看，种植业对外科技服务量最大，占科技服务活动总量的 70.37%；在部属"三院"中，中国农业科学院开展对外科技服务活动工作总量最大，占部属"三院"开展对外科技服务活动工作量的 56.79%（图 1-43 至图 1-46）。

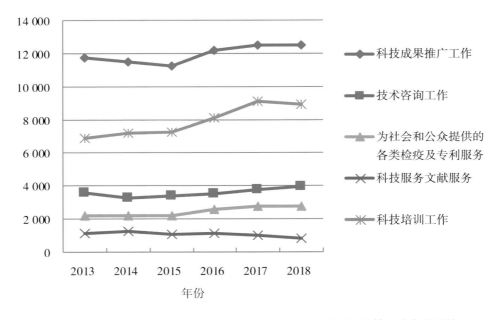

图 1-43　2013—2018 年全国农业科研机构对外服务情况的变化趋势

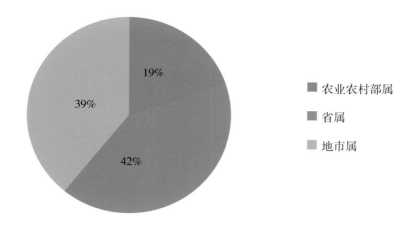

图 1-44　2018 年农业农村部属、省属、地市属农业科研机构对外服务情况所占比重

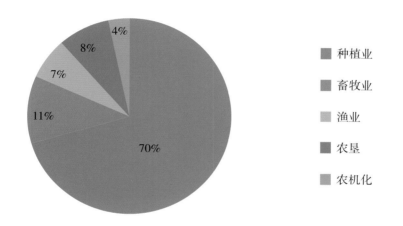

图 1-45　2018 年不同行业农业科研机构对外服务情况所占比重

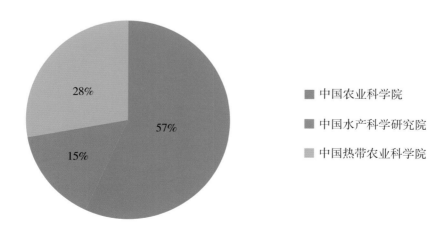

图 1-46　2018 年"三院"农业科研机构对外服务情况所占比重

附表 全国农业科技情报机构统计数据

附表 1 全国农业科技情报机构人员构成情况（按隶属关系分）

单位：人

	机构数量（个）	总计	从业人员							离退休人员
			从事科技活动人员					从事生产经营活动人员	其他人员	
			小计	女性	科技管理人员	课题活动人员	科技服务人员			
合计	20	1 433	1 202	659	145	799	258	47	184	829
农业农村部属	2	589	418	252	65	256	97	16	155	290
省市属	18	844	784	407	80	543	161	31	29	539

附表 2 全国农业科技情报机构从事科技活动人员学位、学历和职称情况（按隶属关系分）

单位：人

	合计	学位、学历					职称			
		博士	硕士	本科	大专	其他	高级	中级	初级	其他
合计	1 202	201	510	356	75	60	432	500	158	112
农业农村部属	418	125	193	70	13	17	140	192	53	33
省市属	784	76	317	286	62	43	292	308	105	79

附表 3 全国农业科技情报机构经常费收入一览表（按隶属关系分）

单位：千元

	本年度收入								生产经营收入	其他收入	用于科技活动贷款
	总额	科技活动收入									
		合计	政府资金				非政府资金				
			小计	财政拨款	承担政府项目	其他	小计	技术性收入	国外资金		
合计	605 411	567 638	483 565	400 677	77 664	5 224	84 073	70 631	0	0	37 773	0
农业农村部属	318 878	301 843	262 524	233 544	25 334	3 646	39 319	34 207	0	0	17 035	0
省市属	286 533	265 795	221 041	167 133	52 330	1 578	44 754	36 424	0	0	20 738	0

附表 4　全国农业科技情报机构经常费支出一览表（按隶属关系分）

单位：千元

| | 总额 | 本年内部支出 | | | | | | | 本年外部支出 |
| | | 科技活动支出 | | | | 经营活动支出 | | 其他活动支出 | |
		合计	人员劳务费（含工资）	设备购置费	其他日常支出	合计	经营税金		
合计	577 925	455 457	154 748	49 638	251 071	79 442	956	43 026	38 957
农业农村部属	301 106	214 563	24 059	27 143	163 361	74 021	848	12 522	37 021
省市属	276 819	240 894	130 689	22 495	87 710	5 421	108	30 504	1 936

附表 5　全国农业科技情报机构课题投入人员、经费情况（按隶属关系分）

| | 课题数（个） | 经费内部支出（千元） | | 本单位课题人员折合全时工作量（人年） | |
		合计	政府资金	合计	研究人员
合计	745	176 258.2	170 889.5	933.9	786
农业农村部属	324	70 071	70 071	362.4	284.7
省市属	421	106 187.2	100 818.5	571.5	501.3

附表 6　全国农业科技情报机构科技著述和专利申请授权情况（按隶属关系分）

	发表科技论文（篇）	国外发表	出版科技著作（种）	专利受理数（件）	专利授权（件）	发明专利	国外授权	有效发明专利数（件）
合计	597	64	44	114	73	20	0	73
农业农村部属	209	58	24	37	16	16	0	17
省市属	388	6	20	77	57	4	0	56

附表 7　全国农业科技情报机构对外科技服务情况（按隶属关系）　单位：人年

服务类别＼隶属关系	科技成果的示范性推广工作	为用户提供可行性报告、技术方案、建议及进行技术论证等技术咨询工作	地形、地质和水文考察、天文、气象和地震的日常观察	为社会和公众提供的检验、检疫、测试、标准化、计量、计算、质量控制和专利服务	科技信息文献服务	其他科技服务活动	提供孵化、平台搭建等科技服务活动	科技培训工作	合计
合计	80	178	0	0	119	127	122	16	642
农业农村部属	4	19	0	0	14	10	10	2	59
省属	76	159	0	0	105	117	112	14	583

第二部分 | 省级以上
农科院年度工作报告

一 农业农村部属科研机构

（一）中国农业科学院

2018 年，中国农业科学院继续深入学习贯彻习近平新时代中国特色社会主义思想和党的十九大精神，在习近平总书记贺信精神指引下，牢固树立"四个意识"，坚定"四个自信"，坚决做到"两个维护"，在农业农村部党组的正确领导下，坚持以高度政治责任感，认真贯彻落实党中央、国务院和农业农村部的工作部署，全院上下团结一致，奋力拼搏，积极进取，扎实工作，全面完成 2018 年度重点工作任务，农业科技创新取得显著成效。

1. 创新工程实施取得突出成效

2018 年创新工程实施已经满 5 年，为深入贯彻落实新时代新要求和习近平总书记贺信重要指示，系统总结创新工程实施经验与成效，在财政部、农业农村部的指导下，中国农业科学院开展了创新工程 5 年考核与全面推进期中期评估工作。从外部专家评估意见和定量数据对比分析可以看出，5 年多来，农科院精神面貌焕然一新，院所发展定位更加聚焦，创新能力全面增强，创新效率大幅提升，创新成果不断涌现，对全国农业科技的引领能力不断提升，为深化全国农业科技体制改革探索了新路径。

体制机制创新取得突破性进展。建立了以"三个面向"为导向的三级学科体系，创新了科研团队为单元的科研组织模式，形成了以长期稳定支持为特征的科研投入机制、分期分级绩效考评机制、重大科技问题协同攻关机制，全院公益性定位更加明确，为国家农业科技体制改革和现代院所建设探索了道路，发挥了先行先试的作用。

创新能力大幅提升。实施人才强院战略，从美国康奈尔大学、德国马普学会等机构引进青年英才 220 名，新培养以唐华俊、万建民、王汉中、陈化兰 4 位院士为代表的一批领军人才，人才保障能力有效提升。开展平台提质行动，构建三级三类平台体系和四大类基地体系，平台支撑能力日益提高。深化国际合作交流层级，积极参与国际竞争，国际学术影响力大幅提升。牵头国家农业科技创新联盟建设，联合全国科研力量解决重大产业和区域问题，引领能力不断增强。

各项科研产出呈现量质双升态势。5 年来各类科技成果产出呈现良好发展势头。重大成果不断涌现，共获国家奖 33 项，同比增长 22%；发表科技论文 25 690 篇，其中 SCI/EI 论文 10 000 余篇，是前 5 年的 2.5 倍，在 *Science/Nature/Cell* 主刊发表论文 12 篇。品种、专利等成果翻倍增长，审定农作物新品种 638 个，同比增长 50%；获植物新品种权 234 项，同比增长 270%；创制新农药、新肥料、新兽药 94 个，同比增长 60%；获发明专利 2 931 项，是前 5 年的 3 倍，获中国专利奖 36 项，占农业领域全国获奖总数的 68%。

2. 农业基础研究取得新进展

针对水稻起源、分类和驯化规律进行了深入探讨，揭示了亚洲栽培稻的起源和群体基因组变异结构，剖析了水稻核心种质资源的基因组遗传多样性。阐明了自私基因在维持植物基因组的稳定性和促进新物种形成中的分子机制，探讨了毒性和解毒分子机制在水稻杂种不育上的普遍性，有望解决水稻杂种不育难题。揭示了番茄果实的营养和风味物质在驯化和育种过程中发生的变化，发现了调控这些物质的重要遗传位点，为植物代

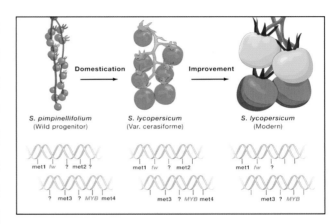

多重组学研究揭示番茄育种历史

谢物的分子机理研究提供了源头大数据和方法创新。全年共发表论文 5 323 篇，其中 SCI/EI 收录论文 2 858 篇，比上年增长 13.6%，以第一署名单位在 CNS 等顶级期刊发表论文 22 篇。

3. 重大战略性技术创新成果取得新突破

围绕国民经济重大需求，持续开展科技攻关，取得一批突破性成果。家禽疫苗免疫成功阻断人感染 H7N9 病毒，中畜草原白羽肉鸭新品种通过国家审定，一类抗球虫新兽药沙咪珠利研制成功并实现产业化生产，油菜毯状苗机械化高效移栽成为引领育苗移栽方式转变新技术，水稻叠盘出苗育秧技术破解机插育秧瓶颈，"中 641"与"宽早优"植棉新技术相集成的高品质棉生产模式在"农机、农艺融合"方面取得重大突破，日晒高温覆膜防治韭蛆新技术实现标准化产业化应用。全年（认定、登记）农作物新品种 388 个，培育家禽新品种 1 个，获新兽药、农药、肥料、饲料添加剂新产品证书 29 项，获发明专利 732 件，植物新品种保护权 99 件，国外专利 17 件，出版科技著作 272 部。8 项成果喜获国家奖，其中"黄

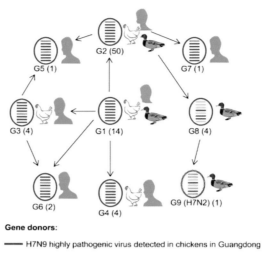

Gene donors:

— H7N9 highly pathogenic virus detected in chickens in Guangdong
— H9N2 virus
— H9N2 virus
— Unknown duck virus
— Unknown duck virus

家禽疫苗免疫成功阻断人感染 H7N9 病毒

瓜基因组和重要农艺性状基因研究"获自然科学二等奖，"小麦与冰草属间远缘杂交技术及其新种质创制"等 2 项成果获技术发明二等奖，"大豆优异种质挖掘、创新与利用"等 5 项成果获科技进步二等奖。获中国专利奖银奖 1 项，中国专利奖优秀奖 7 项。3 人获中华农业英才奖。遴选推出中国农业科学院 2018 年十大科技进展，评出十项杰出科技创新奖、5 项青年科技创新奖，为培育重大科技成果打下基础。16 份咨询报告获党和国家领导人肯定性批示，为农业农村经济发展提供农科方案。

"中 641"与"宽早优"相结合的高品质棉生产技术模式

4. 乡村振兴和精准脱贫支撑工作取得新成效

国家农业科技创新联盟取得可喜进展，20 个标杆创新联盟实施任务 108 项，创新集成和示范了 97 套技术模式，新建示范基地 117 个，开展技术培训 3 700 余次；棉花产业联盟创建 CCIA 品牌，打通棉花产业链各环节，助推新疆棉花产业转型升级；奶业联盟发布优质乳工程标识和优质乳工程技术规范，在全国 23 个省份 44 家乳制品龙头企业得到示范应用；农业废弃物循环利用联盟创办了市场化运行的实体机构国家农业环保创新研究院，致力于为农业环保产业提供整体解决方案。乡村振兴科技支撑行动开局良好，启动江苏东海、河南兰考、江西婺源、四川邛崃 4 个乡村振兴示范县建设。推进水稻、玉米、油菜等 16 个产业绿色发展技术集成模式研究与示范工作，种植业每亩节本增效 448 元，养殖业节本增效 32%，推广示范前景良好。全面推进科技精准脱贫，派出 650 多个专家团队、3 300 名科研人员在环京津地区、秦巴山区、武陵山区以及"三区三州"开展脱贫攻坚，实施各类科技项目 150 多个，构建科技脱贫"安康模式"。援疆援藏工作创造了 4.2 亿元的经济社会效益。

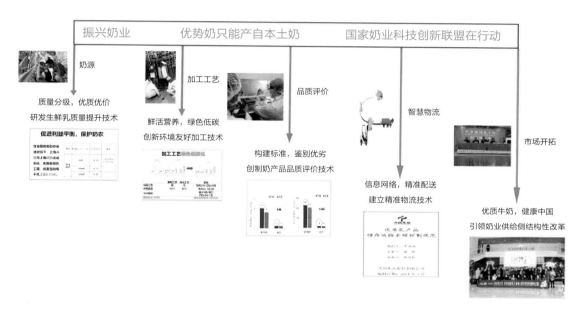

奶业联盟优质乳标准化技术体系

5. 项目平台与区域布局取得新进展

重大项目立项保持良好态势。新增主持各级各类课题 2 840 项，比 2017 年增长 27.8%，年度留所总经费 8.59 亿元，比 2017 年增长 27.9%。其中主持国家重点研发计划项目 18 项，留所经费 1.3 亿元；主持国家自然科学基金项目 342 项，留所经费 0.8 亿元，包括重点项目 3 项、优青项目 2 项、组织间国际合作研究等重大类项目 8 项。加强科研条件平台建设。将国家作物种质库建设作为贯彻总书记贺信精神、落实总书记"下决心把民族种业搞上去"重要指示的标志性工程全力推进；建成国家农业科研数据网络体系，首批国家农业科学观测实验站挂牌；农产品风险监测与预警实验室体系建设项目全部建成。提升科技平台运行效能。国家工程技术研究中心在科技部评估中取得 3 个优秀、2 个良好的历史最好成绩；在国家首次中央级科研机构大型设施设备开放共享考评中，2 个研究所获评优秀，5 个研究所获评良好。重大战略性科研布局稳步推进。国家成都农业科技中心一期工程 10 万米^2 全部开工建设，西部农业研究中心总体规划获得批复，成功立项北方水稻中心建设项目。

6. 构建面向全球的科技创新合作体系

成功接待英国首相特蕾莎·梅、朝鲜劳动党委员长金正恩、吉尔吉斯斯坦总统热恩别科夫、马来西亚总理马哈蒂尔、索马里总统穆罕默德、萨尔瓦多总统桑切斯 6 位外国元首和 30 多位外国正部级以上官员来访，有效扩大了农科院的国际影响力，农业科技创新合作已成为国家的靓丽名片。牵头成立了全国农业科技"走出去"联盟，启动实施创新工程国际合作任务——"推动农业科技'走出去'协同创新与集成示范研究"，援助哈萨克斯坦的"中哈农业科学联合实验室"完成工程验收和培训，哈尔滨兽医研究所在印度尼西亚投资建设的帝斯公司厂房建设基本完成，部分产品获得了生产许可，棉花所在乌兹别克斯坦建立 4 个棉花试验研究示范基地。策划召开 30 多个重要学术国际会议，全院签署合作协议 111 份，新建 25 个国际合作平台。成功召开"国际大科学计划宣讲研讨会"，成为我院探索主导国际大科学计划项目的先行示范。

7. 扎实推进人才强院战略

坚持精准引才，从美国冷泉港、德国马普等机构引进青年英才 22 名，柔性引进高层次人才 26 名。不唯"帽子"评价人才，探索人才分类评价机制，新遴选的 30 名农科英才领军人才，都是没有各类"帽子"但业绩、能力突出的科研人员。深化职称制度改革，下放副高评审权限，开辟 35 岁以下评选副高、40 岁以下评选正高绿色通道，助推优秀青年人才脱颖而出。继续加强人才保障力度，全年人才经费总计 2.1 亿元。人才培养水平再上新台阶，全年招收各类研究生 1 711 人，招生规模创新高，实现了 1 名博导年均招收 1 名博士生，1 名硕导年均招收 1 名硕士生。全年授予博士学位 223 人，硕士 872 人，为我国农业发展培养了大批高层次农业科技人才。全年招收留学生 191 人，在校留学生 523 人，来自全球 57 个国家，博士留学生数位于全国农林高校首位。博士后新进站 140 人，出站 109 人，博士后在站人数创新高。

全院共有 34 个研究所、1 个研究生院和 1 家出版社，分布在 16 个省区市。现有从业人员 10 800 余人，正式职工 7 000 余人，科技人员 5 900 余人，两院院士 13 人。博士后流动站 10 个，在站博士后 500 余人（网址：www.caas.cn）。

（二）中国水产科学研究院

2018 年，在农业农村部的正确领导下，中国水产科学研究院认真贯彻落实党的十九大和十九届二中、三中全会以及中央农村工作会议等重要会议精神和部署要求，以实施乡村振兴战略为总抓手，以渔业供给侧结构性改革为主线，以提质增效、减量增收、绿色发展、富裕渔民为目标，坚持产业需求和问题导向，坚持质量兴渔和效益优先，不断增强科研工作的目的性、针对性和有效性，大力推进改革创新、科技创新和工作创新，着力提升全院谋划发展能力、科技创新能力、产业支撑能力和人才培养能力，推进全院"十三五"发展规划和各项任务落实，为渔业现代化建设、渔业绿色发展和渔业渔政管理提供更加有力的科技支撑。

1. 科研项目与成果产出

全院新上科研项目 1 020 项，合同经费 7.15 亿元。获得省部级以上奖励 21 项，其中，牵头的"长江口重要渔业资源养护技术创新与应用"和参与的"扇贝分子育种技术创建与新品种培育"两项成果，分别获得 2018 年度国家科技进步二等奖和技术发明奖二等奖；发表论文 1 259 篇，其中 SCI 或 EI 收录 461 篇；出版专著 25 部；获得软件著作权 65 项；获国家授权专利 502 件，其中发明专利 160 件。成功举办"绿色渔业发展大会"，10 年《院志》得以续写；启动实施"白洋淀水生生物资源环境调查及水域生态修复"示范项目；半潜桁架结构大型智能化渔场研制并海试成功；海带碘代谢应对海洋酸化研究取得新突破；两种基因组精细图谱解析技术建立及应用；全雄杂交鳢培育首获成功并实现规模化生产；我国首台数字多波束探鱼仪研制成功并海试；研发云南哈尼梯田稻渔综合种养及冬闲田生态养殖新技术；微塑料对渔业生物的毒性效应研究取得新进展；国产化渔用海洋卫星浮标研制成功；西藏尖裸鲤苗种培育取得突破；抗病转基因罗非鱼"珠研 1 号"获准转基因生物中间试验。

首届"绿色渔业发展大会"在京召开

白洋淀生态修复示范项目在雄安新区启动实施

2. 科技支撑与公益服务

牵头第二次全国水产养殖业污染源普查技术工作，调查评估"桑吉"轮溢油事故对水生生物资源影响，完成增殖放流水产苗种 1 100 余万尾（只）。开展全国水产品质量安全风险评估。建立的中国工程院渔业专业知识服务系统正式上线运行。积极落实部"为农民办实事"活动任务，举办推介、培训和现场技术指导 250 余场次，发放技术培训资料 4 000 余份，培训和服务渔民 2 万余次。开展苗种规模化繁育及配套技术研发，为哈尼梯田"稻渔共作"产业扶贫提供良种良法支撑；推动景泰盐碱水域渔农综合利用产业扶贫，共建水科院盐碱水域渔业工程技术研究中心景泰分中心，打造盐碱水域扶贫"景泰模式"。加大智力扶贫力度，选派优秀年轻干部深入贫困县、新疆[①]和西藏[②]挂职，组织专家科技人员开展技术培训，通过赠送鱼苗、现场指导等，扎实推进扶贫和援疆援藏取得实效。

3. 开放办院与国际交流

组织开展的中越、中菲渔业科技合作成果得到双方政府的重视和肯定。多次参加双多边渔业谈判和政府间国际组织科技活动，为国家外交和渔业"走出去"提供支撑；编制实施了农业农村部"'一带一路'水产养殖科技创新合作"专项，获批"'一带一路'海水养殖技术培训基地"，承担援外和培训项目的数量创历史新高。刊发《国际渔业观察》，国际渔业科技交流和信息发布平台不断完善。全院获国家留学基金委资助 12 项，国际学术交流和科技合作氛围日趋活跃。编制和实施《院国际渔业研究中心五年规划》，初步形成了院所一体的国际合作体系。

---

① 新疆为新疆维吾尔自治区的简称，全书同

② 西藏为西藏自治区的简称，全书同

4. 财政支持与条件建设

全院 2018 年财政拨款 12.48 亿元，规模得到进一步扩大。争取到"山竹"台风救灾专项补助 1 600 余万元，解决了有关单位的实际困难。两艘 3 000 吨级调查船成功下水，即将交付使用；国家级海洋渔业生物种质资源库完成结构封顶。依托我院建设的 8 个部级试运行重点实验室全部通过考核评估。院系统 5 个观测实验站入围第一批国家农业科学观测实验站名录。

两艘 3 000 吨级海洋渔业综合科学调查船
"蓝海 101""蓝海 201"下水

王小虎院长考察国家级海洋渔业生物种质资源库建设现场

5. 人才队伍建设

全院获得省部级以上人才奖项 10 余次，在光华工程科技奖、创新人才推进计划中青年科技创新领军人才、中国科协青年人才托举工程等领域取得突破。一批科研工作者入选国家级项目核心专家名单。黄海所获批科技部创新人才培养示范基地。联合中国农业科学院成功申报水产一级学科学位授权点，高层次人才培养又迈进一步。

（三）中国热带农业科学院

2018 年是中国热带农业科学院（以下简称中国热科院）发展史上非常重要的一年。4 月 13 日，习近平总书记在庆祝海南建省办经济特区 30 周年大会上提出，在海南"打造国家热带农业科学中心"。12 月，农业农村部印发了《贯彻落实〈中共中央国务院关于支持海南全面深化改革开放的指导意见〉实施方案》（农规发〔2018〕11 号），明确提出由中国热科院牵头，以建设国际热带农业科技创新高地为目标，以热带农业科技创新、高层次人才引进培养、国际交流合作为重点，整合岛内外优势科技资源，建设一流的国家热带农业科学中心。

2018 年，中国热科院在农业农村部的正确领导下，加快打造国家热带农业科学中心，按照乡村振兴战略总要求和"一带一路"建设总布局，全面提升热带农业科技创新能力，持续加大热带农业科技有效供给，积极服务国家外交大局，不断强化条件支撑保障，各项工作取得了明显成效，开创了热带农业科技工作新局面。

1. 机构发展情况

中国热科院是隶属于农业农村部的国家级科研机构，创建于 1954 年，前身是设立于广州的华南热带林业科学研究所，1958 年迁至海南儋州，1965 年升格为华南热带作物科学研究院，1994 年更为现名。经过传承与创新，中国热科院现有儋州、海口、湛江和三亚（筹）4 个院区，科研试验示范基地 6.8 万亩 ①，在海南、广东"两省六市"设有 16 个科研和附属机构。

现有从业人员 3 671 人，其中正式职工 2 609 人，专业技术人员 1 451 人；专业技术人员中，高级职称占比 36.1%，博士学位占比 28.9%，硕士学位占比 43.2%。在读研究生 332 人，在站博士后 7 人。全院入选中央联系高级专家、"百千万人才工程"国家级人选、享受国务院政府特殊津贴专家、中华农业英才奖获得者、中国青年科技奖获得者、全国优秀科技工作者、全国农业科研杰出人才、国家现代农业产业技术体系首席科学家等国家级人才达 60 多人。

2. 科研活动及成效情况

（1）热带农业科技创新能力不断增强

---

① 1 亩 ≈ 667 米 ²，15 亩 =1 公顷，全书同

2018 年全院全年新增主持各级各类课题 731 项，科研立项经费 3.5 亿元。"特色经济作物化肥农药减施技术集成研究与示范"和"热带作物重要性状形成与调控"获国家重点研发计划立项支持，热作领域的 4 项国家重点研发计划项目均由中国热科院牵头实施。"滇桂黔石漠化地区特色作物产业发展关键技术集成示范"和"粮经轮作模式关键技术优化提升与集成示范"获农业农村部立项支持。"槟榔黄化灾害防控及生态高效栽培关键技术研究与示范"获海南省重大科技计划立项支持。

在基础研究方面，研究发现茉莉酸信号途径在天然橡胶生物合成中起重要作用，法尼基焦磷酸合酶（FPS）基因和小橡胶粒子蛋白（SRPP）基因的上调表达增强了天然橡胶生物合成；组装完成橡胶树染色体级别的基因组精细图，大小为 1.50Gb，contig N50 为 326Kb，该指标相较上一版本提升 8 倍；橡胶树基因组数据库平台正式上线运行，巩固和提升了中国热科院在天然橡胶基因组学领域的国际领先地位。构建了高质量的染色体级芒果基因组序列图谱；发现除传统认为的两大芒果起源中心外，在中国南方存在一个遗传背景特异的芒果农家种群体。完成胡椒全基因组测序及进化分析，发现抗病反应和生物碱合成是胡椒进化的

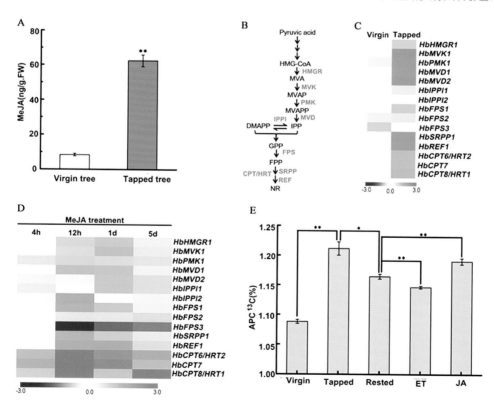

茉莉酸和割胶处理对橡胶树橡胶合成效率和橡胶合成相关基因表达量的影响

A. 割胶处理对橡胶树乳管细胞内源茉莉酸含量的影响；B-C. 开割树和未开割树橡胶合成相关基因表达量；D. 外源茉莉酸处理时橡胶合成相关基因表达量；E. 未开割树、开割树、停割树、乙烯处理停割树、茉莉酸处理停割树橡胶合成效率测定

两个主要方向，为培育胡椒优质新品种奠定了理论基础。

在技术研发方面，构建槟榔黄化病综合防控技术体系，中轻病园示范区新增发病率控制在 1% 以内，平均亩产提高 20% 以上。突破香蕉杂交育种关键技术，建立了杂交育种技术体系；构建香蕉枯萎病绿色综合防控技术体系，使重病区发病率控制在 10 % 以下，中轻度感病区发病率控制在 5 % 以下。研发 DNA 适配体和分子印迹聚合物协同双识别的新型农残检测芯片，实现了对广谱农药残留的灵敏快速检测。

2018 年发表论文 1 169 篇，其中 SCI 收录论文 187 篇；出版著作 37 部；获授权专利 289 项，其中发明专利 114 项；获授权软件著作权 70 项；获省审（认）定品种 6 个，非主要农作物登记品种 6 个；获授权植物新品种保护权 5 项；制修订标准 41 项；获肥料登记证 1 项；获海南省科技奖励 9 项，其中"香蕉辐射诱变及定向育种新技术"获海南省技术发明奖一等奖，"热带优稀水果加工关键技术研发与应用"获海南省科技进步奖一等奖。

创制以香蕉未成熟雄花胚性愈伤组织为辐射诱变材料，建立了以钴 60 为放射源、以稳定吸收剂量 60Gy 为辐射条件的新技术，有益突变率提高 4 倍以上，解决了吸芽辐射诱变率低的问题

（2）热带农业科技有效供给持续加大

强化技术集成推广、成果转化应用和智力支撑，服务热区农业农村发展。在贵州兴义石漠化地区集成推广"果—草（药）—畜（禽）—沼—肥"生态循环发展模式，带动当地农民收入增长近 4 倍；构建稻菜轮作病虫害绿色生态防控技术模式，在四川攀枝花示范推广 7 万多亩；在广东粤西北地区集成推广热带草畜一体化循环养殖技术，提高养殖效益 30% 以上。与地方政府和企业签订产学研合作协议近 50 项，转移转化技术 30 余项，有效带动了相关行业

的技术进步；研发各类产品 80 多种，上市销售 20 种。培训农业专业技术人才、农业新型经营主体带头人、新型职业农民和基层农技推广人员 2.5 万余人；实施"百名专家百项技术兴百村"行动，建立帮扶示范村（点）36 个，派出专家 1 800 余人次，举办科普讲座、科技下乡和田间指导等活动 350 多次，发放科普读物 5 万余份，展示科技产品 110 余种、农机装备 200 余套，有效提高了热区乡村振兴相关参与主体的科技文化水平和生产实践技能。

（3）热带农业科技对外合作务实开展

按照"一带一路"建设和国家农业走出去布局，联合 26 家农业科教企机构及境外行业商会，牵头成立中国热带农业对外合作发展联盟，打造科技协同创新共同体；与国际热带农业中心（CIAT）共建 CATAS-CIAT 区域性（亚太）联合实验室，与柬埔寨、斯里兰卡、马来西亚、阿根廷和葡萄牙等国家相关科教机构共建联合实验室，在菲律宾、印度尼西亚和莫桑比克新建 3 个农业试验站，在柬埔寨、巴基斯坦、密克罗尼西亚联邦、斯里兰卡等国家建立 7 个境外农业合作示范基地。完成热带农业对外合作信息服务平台的建设，发布橡胶、澳洲坚果、椰子等 20 多种热带作物产业信息 80 余期，组织发表英文西班牙文双语在线期刊《热带草地》（*Tropical Grasslands*）。选派专家 400 多人次前往 40 多个国家开展科技交流合作与技术指导，培训学员 1 000 多名。第一时间开展与新建交国冈比亚的农业科技合作与交流，高质量完成中冈两国元首共同见签农业技术援助项目文件的准备工作；中非农业科技合作和对密克罗尼西亚援助工作得到外交部、农业农村部和海南省的高度肯定及受援国的广泛认可。

中央电视台新闻联播报道了中国热科院援非工作，并在其大型系列专题片"命运与共——中国与太平洋岛国"中对中国热科院援密克罗尼西亚联邦工作进行了专题报道

（4）热带农业科技创新平台建设稳步推进

重要创新平台建设稳步推进，海口热带农业科技创新中心整体投入使用，湛江南亚热带农业科技创新中心建设稳步推进，广西①分院和云南分院开工建设，攀枝花分院主体工程完工；广东江门试验基地和广西百色综合实验站项目完成竣工验收。新获批农业农村部 3 个全国名特优新农产品营养品质评价鉴定机构和 3 个全国农产品质量安全科普基地，新获批 1 个海南省重点实验室和 1 个海南植物及制品司法鉴定中心；1 个农业农村部重点实验室通过试运行评估，3 个农业农村部检测中心通过评估；14 个海南省重点实验室通过了评估，其中 11 个被评为优秀。组建国家重要热带作物工程技术研究中心机械分中心，完成三亚南繁检验检疫大楼实验室项目建设。构建大型仪器设备共享中心管理体系，全院 50 万元以上大型仪器设备实现联网。

① 广西为广西壮族自治区的简称，全书同

二 各省（市、区）属科研机构

（一）北京市农林科学院

北京市农林科学院成立于 1958 年，全院建有蔬菜、林业果树、畜牧兽医、植物环境保护、植物营养与资源、农业科技信息与经济、农业信息技术、农业质量标准与检测技术、玉米、杂交小麦、生物技术、草业与环境、水产、农业智能装备技术 14 个专业研究所（中心）。

现有在职职工 1 177 人。其中具有高级职称的专业技术人员 498 人，包括研究员 148 名。获得博士学位的有 451 人。拥有中国工程院院士 1 人、国家杰出青年 1 人、优秀青年 1 人、全国杰出专业技术人才 1 名、国家级百千万人才 12 人、万人计划 6 人，农业农村部农业科研杰出人才 8 人、杰出青年科学家 2 人、国家农业产业技术体系首席科学家 2 人、岗位科学家 15 人，85 人享受国务院政府特殊津贴。

2018 年，全年落实各类项目 377 项，经费 2.04 亿元。其中，最能说明科研竞争力的国家重点研发计划和国家自然科学基金项目保持了良好势头，成绩喜人。2018 年新上国家重点研发计划 3 项，课题 8 个。目前我院共承担重点研发计划项目 11 个，主持课题 53 项、参加课题 117 项，几乎涉及全院所有研究领域。新增国家自然科学基金资助项目 38 项，数量为历年最高，直接经费 1 628 万元，资助率为 25.7%。

北京市农林科学院建院 60 年回顾暨农业科技创新论坛

农业农村部副部长张桃林一行到我院调研

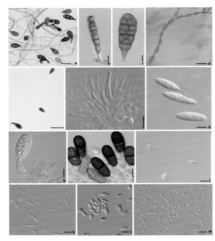
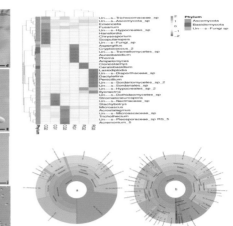

建立了世界范围内葡萄最丰富的真菌检索表

全年获得各类政府科技奖励 21 项。获得各类成果和知识产权 490 余项，其中审定、鉴定、认定新品种 43 项，授权植物新品种权 52 项、专利授权 225 项，制定国（行、地）标 30 项。发表 SCI 论文 206 篇，其中 Q1 区 96 篇，Q2 区 53 篇，Q1、Q2 区论文数量较去年增加 10.4%。

2018 年，全院在作物育种基础性研究，新品种、新技术、新产品研发，信息技术与智能装备，软科学等方面取得重要科研进展，开展了大量的推广服务和科技帮扶工作，成效显著。

基础性、前沿性研究取得新突破

获得了世界上首个猪圆环病毒（PCV3）毒株，首次证明 PCV3 感染试验仔猪引起皮炎肾炎综合征；研究重现春白菜的分子选择历程，为白菜分子育种奠定了重要基础；揭示了我国桃栽培种与其野生近缘种遗传关系及演化规律，首次提供了栽培桃在中国西南起源与演化的分子证据，挖掘出一套在桃驯化和改良过程中与果实品质性状相关遗传变异；成功完成高质量的玉米基因组"黄早四"的组装注释工作，解析了"黄早四"及黄改系的育种改良历史；明确了葡萄从健康到衰死时体内外的微生物种群变化特点，构建了目前国际上最系统的葡萄真菌检索表，率先在国内诊断出了葡萄衰枯病和葡萄条纹病两种葡萄上的新病害。

新品种、新产品、新技术持续涌现

京科青贮 932 通过黄淮海、东华北区国家审定，培育出京紫糯 219 高端特色品种。成功研制、研发玉米新型 6H90K 芯片，玉米 DNA 指纹检验信息化平台，引领了我国 DNA 指纹检测技术。利用基因编辑技术整合了新的抗除草剂性状，创制出全球首个基因编辑抗除草剂西瓜。京麦 179、京花 12 通过国家审定，其中京麦 179 为北部冬麦区第一个国审的杂交小麦品种。鸡鼻炎三价灭活苗取得二类新兽药注册证书。值得一提的是，在庆祝改革开放 40 周年大型展览中，我院有 35 个优特品种展出，占全部展出品种的 15.6%。

农业信息与智能装备技术竞争力持续加强

农业农村部委托开发的全国农业科教云平台，覆盖全国农业专家、农技人员和职业农民，线上用户 400 万，在 2018 年全国双新双创会上得到韩长赋部长高度肯定。装配农机作业检测终端 3 万台套，自动导航和圆捆机电控 1 600 台套，覆盖全国 21 个省区，作业面积 7 000 多万亩。与航空植保公司合作，装配自主研发的航空施药作业监管与计量系统 3.66 万架次，作业面积 8 136 万亩，对推动农业信息化应用发挥了重要作用。

农科"智库"服务决策作用持续提升

开展多种形式的决策支撑服务，参与制订了《北京市乡村振兴战略规划（2018—2022)》《北京市新型职业农民培育三年行动计划》（2018—2020)。参与制订国家标准《信息技术面向设施农业应用的传感器网络技术要求》，该标准是农业传感网方面的第一项国家标准，实现了传感网技术农业国家标准零的突破，对农业信息化标准体系有重要支撑意义。

科技成果转化和科技扶贫力度进一步加大

深入落实国家有关科技创新激励政策，全年成果转化总收入再创新高。在京郊 11 个区及京津冀等地推广各类新品种近 500 个，示范相关配套技术 653 项，展示各类物化新成果、新装备 265 项，建立各类核心示范区面积 10.6 万亩；组织全院 85 名专家与延庆等 9 个区、45 个低收入村、90 个新型生产经营主体、400 户低收入户开展精准对接，科技帮扶初见成效；开展面向西藏拉萨、新疆和田及河北、内蒙古各类培训 31 次，培训 1 390 人次，编制产业规划 15 个，组织 14 位专家与河北帮扶地区基地开展一对一精准对接，并建立专家工作站 5 个，科技扶贫效果显著。

京津冀区域合作持续深化

京津冀农业科技创新联盟稳步推进，成功召开"科技创新助推乡村振兴"为主题的联盟高层论坛暨年度工作会议，发布《京津冀农业科研仪器设备共享目录》。院京津冀新增支持经费 2079 万元，部署了"京津冀农业绿色发展关键技术研究与集成示范"等 8 个项目。联合中国农业科学院、天津市农业科学院等单位新争取到"环首都精品蔬菜绿色安全生产技术成果转化与示范"等 10 余项京津冀项目。积极与雄安新区、石家庄市、张家口市、承德市等地开展多种形式的合作，石家庄农科院赵县基地建设成为我院京冀科技合作的典范。

（二）天津市农业科学院

1. 2018 年度机构变化情况

天津市农业科学院下设 13 个研究单位，其中公益一类事业单位 10 个，公益二类事业单位 3 个，科技公司 1 个。2018 年度我院正式在职职工 542 人，其中博士 78 人，硕士 176 人；专业技术人员 493 人，其中正高职称 79 人，副高职称 187 人，中级职称 189 人，初级职称 38 人；全院拥有中国工程院院士 1 人，入选国家百千万人才工程 2 人，享受国务院政府特殊津贴专家在职 11 人，天津市杰出人才 1 人，天津市突出贡献专家 10 人，天津市人才发展特殊支持计划高层次创新型科技领军人才 1 人，天津市创新人才推进计划青年科技优秀人才 1 人，天津市"131 人才工程"一层次人选 22 人；农业农村部农业科研杰出人才及其创新团队 3 个；天津市"131 创新团队"3 个，天津市创新人才推进计划重点领域创新团队 3 个，天津市人才特殊支持计划高层次创新团队 2 个；现拥有 1 个国家级蔬菜种质创新国家企业重点实验室，3 个国家级研究中心，7 个部、市级重点实验室及实验站，11 个市级研究（工程）中心。

2. 科研活动及成效情况

（1）科研条件

2018 年新获批天津市农作物遗传育种重点实验室，实验室面积 1 849 米^2，仪器 519 台（套），包括高通量基因型鉴定 LGC 系统、荧光定量 PCR 系统、荧光显微系统等；在天津宝坻建有 622 亩试验基地，在武清建有 600 亩试验基地，在江苏建有 100 亩试验基地，在云南和海南分别建有 20 亩和 100 亩南繁试验基地。获批京津冀农产品质量安全科技创新及服务中心建设项目，拟新建实验室面积 6 000 米^2。农业农村部兽用药物与兽医生物技术天津科学观测实验站通过验收实验室 1 100 米^2，动物房 1 100 米^2，新饲料中试车间 2 000 米^2；建成蔬菜研究所办公实验楼 4 733 米^2，新建成占地 5 500 米^2 的种子加工检测中心在蔬菜种子加工行业中属国内领先水平。

（2）科研项目及科技成果

2018 年新立项目 87 项，经费共计 3 154.7 万元；获天津市科技进步奖 6 项，其中二等奖 4 项，三等奖 2 项；完成成果登记 104 项；成果鉴定 7 项，其中 1 项达国际领先水平，4 项达国际先进水平，2 项国内领先；申请专利 94 项，其中发明专利 55 项，PTC 申请 1 项；

授权专利 37 项，其中发明专利 14 项；申请植物新品种权 27 项，授权 17 项；通过国审品种 2 个。

（3）重要科研技术进展

菜花育种团队利用三代单分子实时测序技术成功完成世界上首个花椰菜全基因组测序，该项研究使我国花椰菜基因组学研究水平进入国际前列。测序结果为：花椰菜基因组全长 584.6 Mb，contig N50 达到 2.11Mb，56.65% 的序列为重复序列。共预测出基因 47 772 个，其中 97.6% 可以被预测出功能。花椰菜全基因序列的揭示，将对高效精准培育花椰菜新品种及创制优异的种质资源具有极大的促进作用。2018 年，菜花育种团队新品种叠出，其中育成突破性松花菜新品种"优松 60"，花球洁白、球面光滑、抗黑腐病和霜霉病，该品种是我国第一个免覆盖的松花菜新品种，优点是在强光照射下花球不变黄，栽培过程中可免去盖球工序，节省人工 30%。"优松 60"是 2018 年广东种博会专家组唯一重点推介的松花菜品种。

黄瓜育种技术方面，进一步研究了黄瓜种子采前发芽性状的遗传规律，明确了黄瓜种子采前发芽性状是由多基因控制的数量性状，获得与黄瓜种子采前发芽性状抗性基因连锁的 SSR 标记 3 个：SSR11043、SSR16038、SSR17406；定位标记了黄瓜抗白粉病、耐低温、黄瓜株形、高效养分吸收和利用、果皮颜色等重要农艺性状相关基因位点，探明了黄瓜雄性不育的遗传机制与不育机理并确定 Csa3M006660 为雄性不育基因的候选基因；选育出 6 个黄瓜新品种，分别为津优 339、津优 359、津优 336、津优 319、津美 6 号、津美 79。其中，黄瓜新品种津优 319，耐低温弱光，适合早春、秋延后大棚和温室栽培，瓜条棒状顺直，整齐度好，瓜长 37 厘米左右，瓜把较短，单瓜重 290 克左右，瓜色深绿油亮，刺瘤适中，无棱，畸形瓜率低，瓜腔小，果肉淡绿色，口感脆甜。

甜瓜育种研究团队，应用甜瓜抗病性评价技术、组织培养技术、嫁接繁种技术，通过引进、筛选、纯化不同类型甜瓜种质资源 708 份，筛选出特色、优异种质资源 12 份，选育出新品种 2 个。"天美 55"植株长势旺盛，抗病性好，蔓结果为主，果实发育期 28 天，筒形，单果重 500 克，白皮白肉，含糖量 15%，肉质酥脆，香味浓郁，口感好；"花雷 3 号"植株长势健壮，丰产抗病，子蔓结果为主，单株可留瓜 3~4 个，单瓜重约 800 克，果实短筒形，成熟期 30 天，成熟后果皮底色金黄，覆暗绿色斑块，果肉白色，含糖量 16.0%，肉质脆，香味浓，耐贮运。2018 年度建立新品种示范基地 5 个，累计推广面积近 8 万亩，新增社会经济效益约 1.45 亿元。

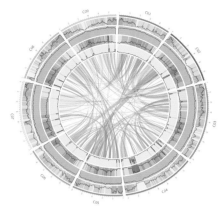

花椰菜基因组各元件特征 circos 图　　　　　耐晒松花菜新品种 "优松 60"

黄瓜新品种 "津优 319"

（4）科技及帮扶与科技成果转化推广

我院小麦抗白粉病、甜瓜在臭氧抗逆胁迫下分子调控机制和抗逆防御网络、番茄分子育种等技术研究取得显著成果。"科润" 企业品牌再次获批为天津市农业知名品牌，种业知名品牌再添新军。菜花、无籽西瓜等良种走出国门，在印度、巴基斯坦、西班牙、越南、孟加拉等地建立试验示范点，同时部分良种实现出口。

2018 年，依托我院的人才及技术资源优势，全院 200 余名科技服务人员进入农业生产一线服务，积极投身于帮扶工作，服务示范基地 206 个，服务村、企千余个，推广新品种、新技术、新成果 217 项，开发新产品 29 项。培训各类农业人员 2.8 万人次，建立科技示范户 1 347 户，建立优秀服务示范基地 16 个，有力地支撑了乡村振兴。全年先后派出 40 名专家 11 批次分赴新疆、甘肃、西藏等地，组建 "农业专家服务团"，开展畜禽健康养殖、蔬菜安全种植等领域技术培训与咨询服务，解决当地生产实际问题，受到当地政府和农牧民的欢迎。

（三）河北省农林科学院

2018 年，河北省农林科学院坚持以习近平新时代中国特色社会主义思想和党的十九大精神为指导，认真落实省委、省政府关于"三农"工作的总体要求，坚持正确政治方向，坚持发展第一要务，坚持稳中求进工作总基调，落实新发展理念，围绕全省农业供给侧结构性改革，大力实施科技创新计划和科技服务计划，切实加强以党建为统领的自身建设，依法依规、科学民主治院，全院各项事业实现持续稳定发展。

1. 机构发展情况

河北省农林科学院成立于 1958 年，院机关内设 9 个处室，辖 12 个研究所，处所级干部 66 人。现有在职职工 841 人，其中科技人员 703 人，具有高级职称的 501 人；具有博士学位 129 人，硕士学位 321 人。拥有国家百千万工程人选 2 人，享受国务院政府特殊津贴专家 26 人，省管优秀专家 13 人，省突出贡献专家 52 人，省巨人计划创新团队 4 个；国家现代农业产业技术体系岗位专家 16 人、试验站 22 个；河北省现代农业创新团队首席专家 5 人、岗位专家 33 人、试验站 3 个。拥有 21 个国家级、11 个省级创新平台和完备的综合试验站、实验基地体系；建有 2 个院士工作站；博士后工作站具备自主招生资格；全院科学试验用地 11 000 亩。

2. 2018 年工作成效

（1）科研经费稳步增长

全年经费 2.06 亿元。一是科研项目经费 8 800 万元，其中国家级项目 122 项、经费 6 400 万元，省级课题 98 项、经费 2 400 万元。二是有国家产业技术体系岗位专家 16 人、试验站站长 22 人，年度经费 2 220 万元；河北省产业技术体系首席科学家 5 人、岗位专家 33 人、试验站站长 3 人，年度经费 1 150 万元。三是实施河北省现代农业科技创新工程课题 145 项，落实省财政一般性拨款 8 000 万元。

（2）科技成果产出丰硕

一是获得 19 项省级科技成果奖励，其中省技术推广一等奖 4 项，省科技进步二等奖 2 项，省社科二等奖 3 项，省山区创业二等奖 4 项，获得省二等奖的数量占获奖总数的 70%。二是全院审定（登记）农作物新品种 101 个，形成技术标准和规程 20 个，获得专利权 90

项，发表中文核心期刊以上论文 270 篇，其中 SCI/EI 源收录 65 篇。三是自主培育的冀麦 418、衡观 35 和联合培育的石麦 15 节水小麦品种，被评为国家节水绿色小麦品种；高油、高蛋白大豆，高油酸花生，适机采棉花，"四光"葡萄，高产早熟板栗，果品保鲜，中药材，日光温室棚室结构，生物防治，生物农药，农业废弃物综合利用，新型肥料等一大批成果展现了良好的应用前景。

（3）平台管理效果突出

一是规范平台管理，制订印发了《科技创新平台运转管理办法（试行）》，厘清了各部门的职责，建立平台运行情况年度报告和定期评估制度。二是对 2017 年以来全院科技创新平台的运转情况组织了评估，提出了我院科技创新平台运转经费按四档进行的资助建议。三是组织完成了"河北省药用植物工程技术研究中心"平台"建设与运行实施方案"论证工作。

（4）学科体系逐步完善

为顺应供给侧结构性改革新需求，提升现代农业发展科技支撑力，我院建立了遗传育种与耕作栽培、资源环境与植物保护、农业及农产品功能挖掘与拓展、农业信息与大数据研究应用 4 个学科群，形成了 40 个主攻方向明确、学科领域清晰、相对稳定、便于围绕相关主题组建创新团队共同攻关的研究中心，每个研究中心都按照各自的命名特征明确出了相对稳定的研究方向，凝练出了近中远期目标和任务。

（5）对外合作稳步提升

结合我院科技优势和发展需要，新落实国家、省级国际合作项目 4 项，向国外派遣交流组团 22 个 60 人次，接待 15 个国家来访专家学者 60 人次，对外交流水平稳步提升。获批日方资助的"樱花计划项目"，成为全国唯一连续两年获得资助的农业科研单位。深入推进与"一带一路"沿线国家农业科技合作，在巴基斯坦规模示范"冀研 105"甜椒品种，较当地品种提高产量 23%，被巴方列入商业化运作计划。

（6）科技扶贫扎实有效

一是依托全院力量，发挥驻村帮扶优势，张家口市崇礼区清三营乡朝阳村、南窑村实现脱贫，并被省考核为优秀。二是加强"三区"科技人员选派，向 10 个深度贫困县和 206 个深度贫困村倾斜，共申报落实 155 名科技人员分赴 48 个贫困县开展科技扶贫工作。三是依托院专家服务团，应省政协、财政厅、省人社厅、省电视台等有关单位邀请，组织杂粮、蔬菜、中药材、果树等领域有关专家 30 余人次分别赴滦平、康保、怀安、赤城、丰宁等地开展产业扶贫服务工作。

（7）成果推广亮点突出

全年示范推广优质高效、绿色安全先进技术及成果 232 项次，建设百亩以上规模各级各类示范基地（点）112 个，示范区规模达到 13.4 万亩，辐射带动 300 多万亩不同产业发展，召开现场观摩会 96 次，培训基层技术人员、农民 4 万多人次，人民日报、中央电视台、河北日报、河北电视台、长城网等媒体宣传报道 218 次。

（四）山西省农业科学院

1．机构发展情况

山西省农业科学院是山西省政府直属的综合性公益一类科研事业单位，其前身可追溯到 1934 年的山西农事试验场，1959 年 2 月更名为山西省农业科学院至今。全院下设 23 个研究所，4 个研究中心和 3 个农业试验站，分布在全省 9 个地市。现有事业编制 3 187 名。截至 2018 年底，在职职工 2 627 人，其中专业技术人员 1 934 人，占在职职工总数的 73.6%；研究生 728 人，占专业技术人员总数的 37.6%。

2．科研活动及成效情况

2018 年全院共争取科技部项目 20 项，农业农村部 63 项，省级课题 105 项，横向委托课题 56 项，争取科研经费 9 863.8 万元。获 2017 年度山西省科学技术奖 11 项，其中一等奖 1 项，二等奖 6 项，三等奖 4 项。6 个品种通过国家审定，54 个品种通过省级审（认）定，51 个品种通过农业农村部登记，12 个品种获植物新品种权。获得授权专利 346 件，其中发明专利 39 件。起草山西省地方标准 80 项。发表学术论文 763 篇，其中 SCI 收录 14 篇，国家级论文 211 篇；出版著作 16 部。

有机旱作研究取得新进展。"长城沿线半干旱区抗旱播种艺机一体化技术研究"项目，通过系统研究区域内几种主要作物安全成苗的墒情需求规律，确定了抗旱播种的农艺技术参数，研制出玉米、谷子、马铃薯、甜菜等作物的抗旱播种保苗关键农机部件和移栽机械。创

山西省农业科学院东阳试验示范基地

建了长城沿线半干旱区轻简、实用、高效的"因墒适种""艺机一体化"技术体系，解决了抗旱播种保苗技术难题。获得授权专利 38 件，研制出播种（移栽）机 9 种；制定地方标准 9 项；农机科技生产鉴定 11 项。在晋冀蒙 39 个县区（旗）推广应用，取得了显著的社会经济效益。获 2017 年山西省科技进步一等奖。

主要粮食作物新品种选育取得新进展。本年度育成通过省级以上审定的小麦玉米品种 51 个，其中国审 6 个。国审小麦新品种长 6 990，在国家黄淮旱地区试中，增产极显著，各项品质指标均达到优质中筋麦标准；长 6794 各项指标达到优质强筋麦标准；太 1305 抗寒、抗旱能力较强，大穗大粒，抗寒级别 2~3，抗旱指数为 0.771~0.827。国审玉米品种中地 88 先后通过了国家黄淮海夏玉米区、西北春玉米区、东华北中熟区三大区审定、一大区（国家东华北中晚熟区）引种备案，现推广面积达 300 万亩；瑞普 909 通过了山西、内蒙古和国家审定，是山西当前可耐密、易机收的玉米品种之一，应用前景广阔。

山西农谷建设工作积极推进。紧紧围绕"一城三园五区"的整体部署和"楼阳生省长现场办公会议精神"，积极推进林果智慧小镇、北方经济植物园、北方苗木繁育基地、特色果品创意加工园、无病毒苗木繁育示范基地和物联网大数据的建设工作，推动农谷建设取得新进展。

条件平台建设不断加强。新增"有机旱作山西省重点实验室"，使我院省级重点实验室总数达到 9 个，为科技创新提供了良好的试验条件和基础平台。

创新联盟建设不断加强。由我院牵头建设的"山西省黍子产业技术创新战略联盟""山西省茄果类蔬菜产业技术创新战略联盟"获省科技厅认定；牵头建设的山西省农业科技创新联盟，紧紧围绕三大兴农战略，加强农业行政与科技、科学与技术、科研与推广的对接，推进科教融合、科企融合，推出了一批农业科技创新成果，使联盟成为支撑农业供给侧结构性改革的重要力量。

山西省农业科学院太原大吴科研创新基地

3. 示范推广取得新成绩

围绕"三大省级战略"和"六大产业集群",以科技支撑产业兴旺为重点,以项目实施为依托,在全省 65 个县,建立核心示范田 1.6 万亩,推广品种 223 个,集中展示 190 项先进适用简约化技术,辐射推广 25.8 万亩,开展各类培训 365 次,培训农民 2.1 万人次。制定了"有机旱作农业行动计划"和"有机旱作农业技术体系实施方案",为提升有机旱作农业水平提供了现实技术支撑。

根据地方优势产业建立战略合作关系,创新科技合作模式,与 2 市(大同市、运城市)、18 个县(永和、岢岚、娄烦、长子、左权、隰县、广灵、静乐、万荣、安泽、武乡、阳曲、壶关、和顺、方山、岚县、盂县、浮山)签订农业科技战略合作协议,与代县、五台、定襄、晋源达成合作意向,充分发挥政府强有力的组织能力,促进科研院所科技成果与企业需求相结合,实现技术链、人才链和产业链的精准对接,为农业产业转型升级提供有力支撑,使农业科技真正服务地方经济发展,切实解决当地农业产业的技术瓶颈问题,通过院县合作带动了永和红枣、运城果业、隰县玉露香梨、和顺肉牛、广灵食用菌、长子蔬菜、静乐藜麦、安泽中药材、武乡小米、阳曲旱作节水、壶关西红柿等一批市(县)特色产业健康发展,为脱贫攻坚和乡村振兴注入了源源不断的动力。

4. 脱贫攻坚取得新成效

选派了 342 名科技特派员,入乡驻村,开展科技扶贫工作,其中派遣"三区"特派员 260 名,驻深度贫困县乡镇科技特派员 82 名。一年来集中培训或田间指导农民 800 余人次,发放资料 800 余份,培养和提升乡土人才 200 余人。

依托《农业产业发展科技引领工程》和《科技成果转化与示范推广项目》两类计划,在7 个县和定点扶贫的 2 个乡村开展科技脱贫示范样板工程搭建。在临县实施红枣提质增效关键技术示范 100 亩,永和县核桃旱作栽培技术示范 310 亩,和顺县中国西门塔尔太行类牛扩繁群体 1 000 头,静乐县谷子、杂豆、马铃薯、燕麦艺机一体化有机旱作栽培技术示范 1 100 亩,岢岚县红芸豆及马铃薯新品种及高产栽培技术示范,红芸豆核心区示范田 360亩,神池县谷子精量播种渗水地膜覆盖穴播技术核心区示范田 20 亩,推广面积 4 万亩,隰县玉露香梨示范 370 亩,娄烦县石峪村、柴厂村 2 个定点帮扶村玉米、谷子、豆类、高粱、马铃薯、粮饲兼用玉米新品种新技术示范 1 360 亩,香菇高效立体栽培技术示范 10 个棚,西梅采摘园管护 100 亩。2018 年通过新品种和新技术在贫困地区示范推广,在产业脱贫一批中发挥了科技"四两拨千斤"的作用。

（五）内蒙古自治区农牧业科学院

内蒙古自治区农牧业科学院是自治区政府直属的公益一类科研事业单位。2018 年，农牧科学院以科研工作为中心，以推动农牧产业高质量发展为目标，持续优化学科布局和发展环境、强化人才队伍和科研平台建设、提升科技创新水平、强化成果推广应用与技术服务，为脱贫攻坚和乡村振兴提供了有效支撑。

1. 科学技术研究工作稳步推进

在科技项目及经费争取上，有较大幅度提升。2018 年，全院共承担科技项目 257 项，总经费 1.21 亿元，与 2017 年相比，项目数基本持平，经费增加 5 401.5 万元。其中，国家级项目经费 3 885 万元，占总经费的 32.2%。主持或参与 16 个国家现代农业产业技术体系项目，科研经费达 1 820 万元。承担国家重点研发计划项目课题 12 项，获得资助经费 1 532 万元。承担自治区重大专项 2 项，经费达 1 000 万元。年内审认定、登记农作物和牧草新品种 14 个（同比增加 8 个），授权国家专利 55 件（同比增加 42 件），登记软件著作权 11 件，审定标准 59 项（同比增加 18 项），出版专著 7 部（同比增加 2 部），发表论文 185 篇（同比增加 82 篇）。获 2018 年度自治区科技进步一等奖 2 项（参与 1 项）、二等奖 3 项（参与 1 项）、三等奖 2 项。同时，初步梳理出院内 77 个二级学科，144 个重点研究方向，151 个研究团队。

在项目实施上有新的突破。内蒙古自治区农牧业科学院主持的"甜菜新品种引育及节本增效综合栽培模式"的研发与推广，获 2018 年自治区科技进步一等奖；"啤饲兼用型大麦新品种选育及高产高效生产技术""规模化舍饲养殖条件下疫病防控关键技术"两个项目，分别获 2018 年度自治区科技进步二等奖；"优质、高产、抗病食用向日葵系列新品种选育及产业化应用""优质高产'蒙字系列'大豆新品种选育与应用""设施蔬菜根结线虫致害成灾规律及综合防控技术研究"，3 个项目分别获 2017 年度自治区科技进步二

甜菜新品种"NT39106"膜下滴灌
节本增效综合栽培模式示范

等奖。此外，农作物抗旱节水丰产高效栽培、农田生态保育、肉羊繁育与高效养殖、疫病防控等一系列关键技术都取得了重大进展，这些创新成果为自治区农牧业产业发展和生态建设提供了有效支撑。

2．科研平台条件建设成效显著

2018年，内蒙古自治区农牧业科学院被国家科技部评定为"国家引才引智示范基地"；试验示范中心四子王基地被农业农村部确定为首批国家农业科学观测实验站；植物保护所被自治区科技厅评定为"内蒙古自治区农作物有害生物综合防控工程技术研究中心"。在自治区政府和有关部门大力支持下，启动实施了"内蒙古自治区农牧业科学院科研平台条件能力提升工程"项目，极大改善了内蒙古自治区农牧业科学院科研平台条件。获批了自治区发改委2018年平台建设项目"内蒙古自治区农牧业科学院草原研究所实验平台修缮建设"和2019年自治区预算内基本建设投资项目"内蒙古自治区农牧业科学院作物遗传育种实验室改造项目"。

3．科技合作交流不断深化

在国际合作方面，积极参与"一带一路"建设，加强了与俄罗斯和蒙古国的合作，与俄

肉羊短期催情补饲技术示范

罗斯沃罗涅日国立大学开展了甜菜、玉米、菊芋等农作物育种栽培技术方面的合作，与蒙古国国立农业大学、蒙古国畜牧科学院等单位开展了兽用天然药物创制、肉羊繁育、草原生态和保护性耕作等方面的合作；深化了与澳大利亚西澳大利亚大学、日本早稻田大学等在抗逆作物育种与栽培、家畜繁殖与动物营养等方面的合作；加强了与加拿大滑铁卢大学等在旱作农业技术方面的合作，等等。在国内合作方面，与中国科学院、中国农业大学、中国农业科学院、华南农业大学等高等院校和科研院所及知名企业联合开展了生态草牧业、旱作农业、冷凉蔬菜、病虫害综合防控等基础理论和关键技术的攻关研究与示范区建设工作。同时，在畜牧上，新品种的联合选育、新技术新模式的联合创制与示范应用取得了非常大的进展，进一步提升了我们学术交流与合作的数量和质量。

4. 科技扶贫工作稳步推进

在科技扶贫工作上，依托国家产业技术体系、农业综合开发项目及财政科技示范项目，先后在乌兰察布市和通辽市的 8 个旗县区建立了 21 个科技扶贫点，示范玉米、向日葵、亚麻、大宗蔬菜等新品种 24 个，推广耕地保育、肉羊繁育等新技术 28 项，培训技术人员和农牧民 900 余人次。受自治区党委、政府委派，农牧科学院派出院领导担任驻库伦旗脱贫攻坚督导组组长，圆满完成了库伦旗脱贫攻坚督导和科技扶贫工作。

5. 科技成果示范推广力度不断加大

2018 年，内蒙古自治区农牧业科学院依托自治区农业综合开发和财政示范推广等项目，在全区 11 个盟市 65 个旗县区 120 个科技示范点，示范推广农作物和蔬菜等新品种 28 个，农作物栽培、生态建设、动植物保护和家畜高效养殖等新技术新产品 72 项，示范推广面积达 180 余万亩，辐射推广面积达 2 000 余万亩，培训农牧民 1 万余人次，印制并发放技术资料 4 万余份，通过新闻媒体、互联网、电视台等媒介宣传我院科技成果和科技人物达 140 余次。依托人才和平台优势及长期研究积累的科技成果，以推进农牧业产业发展和现代农牧业建设为主线，与巴彦淖尔、乌兰察布市、通辽市和呼伦贝尔市 4 个市及杭锦后旗、四子王旗、克什克腾旗等 7 个旗县实施了"院地共建"科技示范工程，围绕农作物的主要品种、主推技术、区域综合方案以及草原生态、农田修复和畜牧业技术创新、品种选育、疫病防控等方面开展了大量的合作攻关、示范推广、基地建设和农牧民培训等工作。

（六）辽宁省农业科学院

1. 机构发展情况

辽宁省农业科学院始建于 1956 年，是辽宁省唯一的省级综合性农业科研机构。2017 年，在辽宁省属科研院所供给侧结构性改革工作中，原属辽宁省科技厅、辽宁省农委和辽宁省农垦局的 4 个科研院所整建制划入辽宁省农业科学院；2018 年在辽宁省直公益性事业单位改革中，以原辽宁省农业科学院为主导，优化整合了辽宁省海洋渔业厅所属 2 院 1 场和辽宁省林业厅所属 1 院 5 所，重新组建了辽宁省农业科学院。

新组建的辽宁省农业科学院，下设 6 个内设管理机构、10 个内设业务机构、22 个分支机构。职工总数 4 443 人，在职职工 2 253 人，专业技术人员 1 666 人，高级专业技术人员 886 人；博士 161 人、硕士 670 人。有 1 个国家创新人才推进计划重点领域创新团队，2 个农业农村部农业科研创新团队，21 个省级科技创新团队；国家产业技术体系岗位专家 8 人，综合试验站站长 22 人。拥有 36 个国家（国际）级科技平台，46 个省级科技平台。主管、主办科技期刊 10 种。

新组建辽宁省农业科学院揭牌

2．科研活动及成效情况

（1）承担项目情况

2018年争取市级以上各类科研项目269项，资金1.3亿元，其中国家级项目（课题、任务）109项，资金1.13亿元，主持申报的"北方水稻化肥农药减施技术集成研究与示范"获国家重点研发计划立项，争取中央财政经费合同金额3 661万元；争取各级推广项目149项，资金4 717.6万元。

（2）获得成果情况

2018年，有129个品种通过审定（登记），申请专利74项，获授权专利33项，制定地方标准18项。作为主要完成单位参加的"主要蔬菜卵菌病害关键防控技术研究与应用"成果获国家科技进步奖二等奖。获辽宁省科技进

两项成果获辽宁科技进步一等奖

步奖6项，其中"旱作农田防蚀增效关键技术研究与集成应用""辽宁海域渔业资源养护技术研发与应用"2项成果获一等奖。另获省自然科学学术成果奖17项、市厅级奖励成果45项。

（3）国际合作交流

探索国际合作新机制新模式，建立联合实验室，开展联合攻关研究。在水稻、李杏国际合作基础上，与国外大学和科研机构联合组建了"中国—爱沙尼亚马铃薯联合育种实验室""中国—俄罗斯玉米联合育种实验室"，共同开展资源交换、品种选育和人才培养等工作，促进我院科技创新水平的提升。

（4）重要研究进展情况

粮油作物研究方面。玉米新品种辽单575通过国家品种审定，该品种具有抗性强、宜机收、产量高的特点，2018年在新疆生产建设兵团奇台总场高产潜

中－俄玉米育种联合实验室签约仪式

力挖掘试验中，亩产达 1 492.7 千克，位列参试品种第 1 名。水稻分子育种技术研究及应用取得新进展，克隆了一个广谱抗稻瘟病新基因 Pi65，是首个从北方粳稻中发掘的抗稻瘟病基因；利用分子标记辅助手段获得了 200 余份携带主效抗病基因及香味基因的水稻育种材料；选育的 3 个优异新品种通过审定。花生新品种阜花 22 和阜花 27 通过国家品种登记，阜花 22 油酸含量高达 81.1%，阜花 27 油酸含量达 78.8%，首次选育出东北高油酸花生新品种，填补了东北的空白。依托国家产业技术体系，选育出系列适宜机械化生产的高粱、谷子、绿豆等杂粮新品种，支撑了辽宁杂粮产业的发展。

园艺作物研究方面。番茄新品种园艺 504、辽粉 185 通过国家品种登记。园艺 504 连续坐果能力强，果实商品性好，对黄化曲叶病毒病等病害抗性好；辽粉 185 抗黄化曲叶病毒病、枯萎病等 7 种病害，2 个品种已累计推广 2 万亩。苹果新品种岳冠、岳艳、岳华通过国家林木品种审定，具有品质优、抗性强和易管理等特点，是我院首次通过国家级品种审定的果树品种。

耕作栽培研究方面。旱作农田防蚀增效关键技术研究与集成应用，首次构建农田立体防蚀系统及旱田防蚀型地表结构模型，创制了秋夏年际交替间隔深松防蚀增效等关键技术，实现防蚀与增效同步，成果获 2018 年省科技进步一等奖。

海洋渔业研究方面。辽宁海域渔业资源养护技术研发与应用，在调查与养护技术、装置与软件研发和管理策略等方面取得一批填补国内空白、国际领先的创新成果，突破了海洋生物损害赔偿核算的"瓶颈"问题，成功实现了具有北方特色的大规模增殖与养护技术的产业化应用，效益极为显著，成果获 2018 年省科技进步一等奖。

林业研究方面。"天然栎类林、赤松林生态要素全指标体系观测技术研究"积累了水文数据 1.71MB，气象数据 818.5 MB，构建了辽东半岛天然栎类林、油松林生态系统生态要素全指标体系数据集 1 套；选育辽宁省核桃新品种 4 个，开展核桃属中 4 个种 5 个类型的压条生根试验研究取得突破性进展，为核桃砧木的无性繁育奠定了基础；首次选育出"授粉、密植、加工"专用良种平欧杂种榛辽榛系列新品种 4 个。

3. 科技成果转化推广情况

加强科技共建。继续开展与抚顺、辽阳等 8 个市的科技共建；与盘锦市、黑山县新签署科技共建协议，并筹划组建盘锦分院；院属 18 个研究院、所的 44 个专家团队，在共建地区建立 160 多个示范基地。启动实施科技援疆行动，在新疆建设辽宁省农业科学院塔城分院。深化科企合作。继续为全省 100 多家企业、200 余家农民合作社提供技术支持和科技服务；创新科企合作模式，努力拉长成果市场化转化的短板，在扶持企业和产业发展同时，让专家也获得经济回报。探索科技服务新模式。探索政府支持、项目引领、市场推动的新时期农业科技成果转化新模式，将科技服务与推介特优农产品有机结合，建立"辽宁农村科技服务商城"，打造具有辽宁特色的农业科技服务模式。2018 年，在全省示范推广新品种 320 个、农业关键技术 578 项，开展培训 4 300 多场次，培训农民 5.4 万人次。科技服务辐射面积 3 000 万亩，新增经济效益 50 多亿元，面向农业产业和农村主战场，充分发挥了科技支撑与引领作用，为我省乡村振兴作出了重要贡献。

4. 科技扶贫情况

选派干部到乡村工作。按照省委部署，我院选派 10 位优秀干部到岫岩、喀左 2 个镇 8 个村任第一书记，围绕基层党建和经济发展开展工作，并整合全院相关科技资源，围绕干部派驻地区的特色产业和需求提供人才和技术支持。扎实开展"五县三村"定点科技扶贫工作。以阜蒙县、彰武县、义县、建昌县、岫岩县 5 个县和建昌大屯、阜蒙县莫古土、岫岩河北 3 个村为重点，在帮扶地区实施重大项目 52 项，整合资金 1 027.9 万元，建立示范基地 42 个，帮扶龙头企业 29 家；引进新品种 180 个、推广新技术 189 项次，推广面积 75 万亩，新增经济效益 1.5 亿元；在义县，依托我院省级科技特派团、省级重点推广项目创建

40 个早金酥梨示范基地，栽植早金酥梨、南红梨 46.1 万余株，高接换头 18.96 万株，打造了义县全国"早金酥梨第一县"称号。继 2017 年建昌县大屯村整村脱贫摘帽后，2018 年阜蒙县莫古土村完成整村脱贫摘帽。我院连续多年获评辽宁省定点扶贫先进单位，多人被评为扶贫先进个人。积极推进科技扶贫试点工作。首次启动"省科技扶贫试点县"建设工作，

辽宁省农科院专家开展现场培训，提升和促进梨产业发展

与兴城市政府签订科技扶贫引领示范项目共建协议，采取"政府 + 科技 + 企业 + 贫困户"模式开展科技帮扶，建立了一种可复制、可推广的科技扶贫模式；与彰武县签订科技扶贫引领示范项目共建协议，进一步推进科技扶贫试点县工作。

（七）吉林省农业科学院

吉林省农业科学院前身是 1913 年建立的南满铁道株式会社公主岭农事试验场；1938 年改称伪满洲国国立公主岭农事试验场；1946 年国民党政府接管，改名农林部东北农事试验场；1948 年东北解放，建立了东北行政委员会农业部公主岭农事试验场；1950 年改为东北人民政府农林部农业科学研究所，是当时新中国接收的 3 个成建制专门农业科研机构之一；1953 年改称东北行政委员会农业局东北农业科学研究所；1954 年改为农业部东北农业科学研究所；1958 年改为中国农业科学院东北农业科学研究所；1959 年下放到吉林，成立吉林省农业科学院。2004 年吉林省政府和中国农业科学院依托吉林省农业科学院共建"中国农业科技东北创新中心"，与吉林省农业科学院合署办公。

全院下设畜牧科学分院（畜牧兽医研究所）、动物生物技术研究所、动物营养与饲料研究所、草地与生态研究所、农业生物技术研究所、大豆研究所、农业资源与环境研究所、农业经济与信息研究所、农产品加工研究所、植物保护研究所、作物资源研究所、果树研究所、玉米研究所、水稻研究所、经济植物研究所、农村能源与生态研究所、花生研究所、农业质量标准与检测技术研究所、良种繁育实验场 19 个科研科辅机构，1 个海南科学实验基地，1 个洮南综合试验站。

现有在职职工 1 119 人，科技人员 852 人，其中高级研究人员 401 人。现有博士 150 人、硕士 340 人。博士生导师 4 人，硕士生导师 94 人。153 人次获得省级以上荣誉称号，其中"百千万人才工程"国家级人选 4 人，全国杰出专业技术人才 1 人，国家"有突出贡献中青年专家" 2 人，国务院特殊津贴 17 人，农业农村部农业科研杰出人才 2 人，吉林省资深高级专家 2 人，吉林省高级专家 19 人，吉林省杰出创新创业人才 1 人，吉林省拔尖创新人才 67 人，吉林省有突出贡献中青年专业技术人才 35 人，吉林省优秀专业技术人才 1 人，吉林省优秀高技能人才 1 人，农业农村部杰出青年农业科学家 1 人。

目前，我院承担国家和省级研究中心、重点实验室、基地 74 个，国家现代农业产业技术体系 15 个岗位专家，11 个综合试验站。现有仪器设备 11 181 台套，其中 1 万元以上的 3 022 台套。收集保存玉米、水稻、大豆、杂粮杂豆、特色蔬菜及工业大麻等各类农作物种质资源 5.69 万份。编辑出版《玉米科学》《东北农业科学》《农业科技管理》3 个学术期刊。

2018 年，我院坚持以习近平新时代中国特色社会主义思想为指引，全面学习贯彻十九大和全省经济工作、农业农村工作等会议精神，积极主动作为，致力于为乡村振兴和建设现代农业提供强有力的科技支撑，各项工作不断迈上新台阶。

玉米水肥一体化增密种植

黑土资源可持续利用技术体系

1. 科研立项能力持续提升

全年承担各类科研项目 236 项，合同经费 11 019.41 万元。其中，国家级项目 32 项，合同经费 6 821.52 万元；省级项目 184 项，合同经费 4 005 万元；其他项目 20 项，合同经费 192.89 万元。科技部重点研发计划项目"吉林半干旱半湿润区雨养玉米、灌溉粳稻集约规模化丰产增效技术集成与示范"，合同经费 2 762 万元；国家重点研发计划课题 3 项，合同经费 662 万元；2018 年度创新工程项目，经费 615 万元。

2. 科研成果产出能力持续提升

全年有 97 项科研项目通过鉴定验收。通过审定（登记）动植物新品种 31 个，其中，通过国家审（认）定 4 个，通过省级审（认）定 27 个；获得植物新品种保护权 17 件；授权专利 74 件，其中，发明专利 21 件，实用新型专利 52 件，外观专利 1 件；发布各类标准 26 项，其中，地方标准 25 项，企业标准 1 项。获得各级科技奖励 22 项，其中，获得吉林省科学技术奖 13 项（省科技进步一等奖 2 项），吉林省农业技术推广奖 3 项（一等奖 2 项），吉林省社会科学优秀成果奖 1 项，吉林省自然科学学术成果奖 5 项。发表论文 301 篇。

3. 重点研究领域创新能力持续提升

玉米新品种选育，吉单 56 通过国审，高产、抗性强、脱水快、宜机收，是郑单 958 和京科 968 的替代品种；玉米单倍体育种自然加倍取得技术突破，最先证明玉米单倍体自身具有雄穗自然加倍恢复能力。水稻新品种选育，育成了本省首个香型、小粒食味水稻新品种"吉粳 816"，获"首届全国优质稻品种食味品质现场鉴评会"金奖和"首届国际大米节品评

适合机械化栽培的高粱杂交品种——吉杂 159

品鉴会"铜奖。大豆新品种选育，选育的杂交大豆新品种吉育 612 蛋白质含量 42.1%，脂肪含量 41%，达到大豆国家双高标准。常规大豆吉育 403 在我省百公顷连片生产中，突破了 3 500 千克 / 公顷的高产记录。非主要农作物育种，选育出适合机械化栽培的高粱杂交品种吉杂 159 和吉杂 229；吉绿 10 号等 3 个绿豆品种被省农业农村厅评为优质绿豆；"吉食葵 1 号"填补了我院食用型向日葵杂交种的空白；创制高油酸花生品系 5 个；紫花苜蓿"三系"配套成功，标志着苜蓿育种进入杂交育种新时代，达到国际先进水平。耕作栽培技术，明确了保护性耕作模式下的玉米高产高效栽培关键技术措施；提出苏打盐碱水田稻草还田合理化技术，并大面积示范推广；建立了半干旱区玉米节水节肥高产高效栽培技术体系，满足了区域性玉米生产的需求。畜禽育种及养殖，优选 15 头延黄牛母牛和 113 头草原红牛母牛补充核心群；组建了新吉林黑猪不同遗传基础和遗传背景的选育核心群；建立了毛肉兼用细毛羊种群 88 头，双胎细毛羊种群 56 头；构建了吉林芦花鸡、吉林矮脚芦花鸡、吉林黑鸡、吉林黄鸡、北京油鸡选育核心群 8 000 套；研发出新型反刍动物用呼吸代谢测定设备；筛选出 2 种中草药饲料添加剂，开发系列秸秆生物饲料产品。生物技术，开展抗虫、氮高效利用转基因玉米，抗病虫、优质转基因大豆多年多点综合评价，进入环境释放 1 项；建立了玉米、大豆等多种作物基因组编辑技术体系和水稻叶绿体遗传转化体系；完成 26 个转基因玉米品系的目标性状验证及展示试验。成功分离了鸡胚胎干细胞，验证毛囊发育及脂代谢相关功能基因 8 个；利用

食用型向日葵"吉食葵 1 号"大田现场

国际先进水平的紫花苜蓿三系配套选育技术研究试验现场

高繁基因标记构建多胎绵羊群体 843 只。生物防治，白僵菌防螨产品取得新突破，研制出白僵菌种衣剂；建立了载菌赤眼蜂防治玉米、水稻害虫的防治体系，实现了赤眼蜂防治虫卵及生防菌防治幼虫的双重防治效果；研制出首批芽孢杆菌生物农药试验粉剂产品，对稻瘟病防治效果显著。农产品加工研究，研发出工业大麻花叶高纯度 CBD 生产制备技术；利用玉米粉制备非结晶果葡糖粉产品；新分离鉴定乳酸菌新菌株 200 株，补充完善长白山区域优势乳酸菌菌种库；开发出益生菌健康食品、人参饮品、菊芋膳食纤维等产品 10 余种。寒地果树研究，构建了金冠苹果响应冰冻胁迫基因共表达网络；明确了单花梨单花形成时期及花芽分化特征，在国外学术刊物上发表并引起同行高度重视；筛选出抗寒耐盐碱梨砧木优系 6 个；寒地梨南繁育种技术取得阶段性进展，有望成为缩短梨育种周期的有效途径。经济植物研究，评价工业大麻材料 77 份，筛选出纤维用工业大麻材料 2 份；突破了蕨菜炼苗关键技术，建立蕨菜高产栽培技术体系 1 套；无采暖温室茄果类蔬菜越冬试验取得成功。农产品检测技术研究，建立了基于多重 PCR 技术的 2 种高效检测新方法，实现了在同一检测体系中同时鉴定 7 种常见转基因玉米转化体及 5 种常见除草剂抗性基因。农村能源研究，研制出耐低温、高效农业废弃物降解复合微生物菌剂；利用生物堆肥方法构建了 1 套育秧基质配方；研制出农村生活污水垃圾保温型厌氧处理发生装置 1 套。玉米秸秆综合利用，取得了"三三制"玉米秸秆全量还田耕作技术体系、全混合饲料育肥饲养模式、玉米秸秆直燃锅炉、"秸秆 - 食用菌 - 育苗基质"技术模式等一批创新成果；编制了东北地区秸秆综合利用技术指南；与秸秆综合利用示范县紧密结合，构建了基于县级尺度可推广、可复制的秸秆处理综合解决方案，打造秸秆综合利用"民乐模式"。

4. 平台建设进一步加强

加强平台运行管理，对院内新建平台进行监督检查，以确保项目如期建设完成。一是申报农业农村部水稻盐害科学观测试验站建设项目等农业科技创新能力条件建设项目 6 个。二是获批"吉林省麻类工程研究中心""东北中部玉米生物学与遗传育种重点实验室""国家现代玉米标准化区域服务与推广平台"建设项目；建设完成"吉林省动物生物技术工程实验室""海南南繁育种开放性实验室""主要农作物育种信息化平台"，为科研工作提供了条件保障。三是试验地管理工作。对公主岭院区试验地周边环境进行了清理整治，清理约 4.5 万米^2，新增试验地 2 500 余米^2。积极组织春季抗旱工作，对院内抗旱设施及资源进行了统一调配，新购喷灌机 6 台，修理机井 4 眼，灌溉试验地 130 余公顷。

5．对外合作交流不断深化

瞄准农业发展最前沿领域，选派 5 名科研骨干出国开展技术培训、合作研究。引进及接待美国、丹麦、荷兰、俄罗斯等国专家 28 批 74 人次；派出 40 批 81 人次赴美国、日本、以色列、俄罗斯等 11 个国家和地区参加国际学术研讨会；组织或承办大型学术会议 10 余次；举办院级学术报告会 43 场；邀请国内外知名专家 49 人次做学术报告。与中国农业科学院、中国农业大学等高校和科研单位长期稳定合作，在新品种区域试验示范、联合杂交育种、栽培技术、生物技术、生物防治技术等方面开展合作。与紫鑫药业股份有限公司共同组建了"吉林省麻类工程研究中心"，在工业大麻品种选育、生产技术和产品开发等方面开展深入合作；与吉林德翔牧业有限公司开展寒冷地区高效沼气厌氧发酵技术及沼渣沼液资源化循环利用技术研究。与俄罗斯远东农业研究所共建"农业科学研究中心"，促进我院科研成果转化；与全俄马科学研究所合作开展马业研究，填补我院研究空白；与日本佐竹公司等合作共建"优质粳稻国际联合研究中心"，加快我省优质稻米选育进程；与荷兰莱顿大学和以色列希伯来大学开展工业大麻品种资源和 CBD 提取工艺技术等方面合作研究，培育适合我省种植的工业大麻品种。

与日本、韩国共建"优质粳稻国际联合研究中心"

与俄罗斯远东农业研究所签署合作协议共建
"农业科学研究中心"

6．人才队伍建设扎实推进

根据省委省政府出台的人才新政 18 条，招聘博士 4 人，硕士 32 人；面向社会公开发布 3 个引进高层次人才公告，其中国家马铃薯产业技术体系综合试验站站长和北大荒垦丰种业表型组学岗位科学家等 2 人已报省人社厅；招收中国科学院大学、东北师范大学、吉林农业大学的 4 名博士进站工作；首次赴西北农林科技大学和中国农业大学参加 2019 届硕士、博士研究生专场招聘会，签订聘用协议博士研究生 23 人。制定了《研究团队管理暂行办法》《研究团队考核办法》，构建院、研究所、研究团队三级管理模式；组建的 93 个研究团队，有 58 个团队配备了首席专家后备人选，建立了人才梯队培养机制。选派 4 人攻读博士学位，有 4 人获得博士学位。

7. 脱贫攻坚扎实有效

始终把脱贫攻坚与援疆工作作为重大政治任务，向龙井老头沟镇选派 3 名科技特派员，以科技助力脱贫攻坚。实施结对帮扶，开展春节、"扶贫日"慰问，代言"建平香瓜"。着眼于增强自我"造血"功能，免费发放果树苗 2.5 万株，并进行科技培训和现场指导，着力打造"特色果树村"；无偿提供 1.14 万羽优质鸡雏，高粱、小冰麦种子 3 000 余千克，发展高粱、小冰麦订单农业 72 户，培育养鸡示范户 15 个，首批实现整村脱贫。设立传习所，开展党性教育。

科技扶贫现场——果树专家为扶贫村农民进行果树修剪培训

8. 科技成果转化形式多样

与长春市农博园共建现代农业示范区，与东辽县政府共建现代农业科技示范基地，建立了果树、加工、农村能源、畜牧 4 个典型研究所科技示范基地和研究团队科技示范户，展示示范我院的新成果。组织参加各类展会 10 余次，展示我院各类科技成果 100 余项。推广玉米、水稻、大豆新品种 400 余万亩；葡萄、李子、苹果、马铃薯、花生等品种万余亩。玉米秸秆全量直接还田技术、缓控释肥与玉米同步营养高效施用技术、米豆轮作高产栽培技术及大豆免耕播种技术、甜菜窄行平作直播栽培技术推广 300 余万亩；建立秸秆直接还田核心示范区 3.81 万亩，示范区 559.82 万亩；示范推广"三省"生物质锅炉 12 台（套），年消耗玉米秸秆约 100 吨。全年转化科技成果 81 项，转化收益 2 106.36 万元。

（八）黑龙江省农业科学院

2018 年全院上下深入贯彻落实习近平总书记在深入推进东北振兴座谈会上的重要讲话和考察黑龙江时的重要指示精神，按照省委、省政府关于"三农"工作的总体部署，以农业供给侧结构性改革为主线，紧扣乡村振兴发展战略实施，扎实开展科技创新、成果转化和科技推广服务，深入推进机构改革，全院各项事业持续向好。

1．机构改革情况

原隶属省农业农村厅"一院五所"和原隶属省畜牧兽医局"两所一社"纳入我院机构改革与资源整合范围，经机构优化重组，新组建的 32 个直属单位，职能进一步明晰，力量进一步凝聚，形成了农机农艺融合、种养加结合的科研新格局。绥棱浆果所与园区管委会合并组建乡村振兴科技研究所，五常水稻所与生物技术研究所、粳稻中心合并组建新生物技术研究所，双双入驻江北国际创新中心，牡丹江分院顺利搬入牡丹江经济技术开发区。

2．科研活动及成效情况

科研立项稳中有进。新增国家、省级项目（课题）共计 174 项，到账项目经费 12 186.6 万元，同比增长 4.84%。包括主持国家自然科学基金 4 项、经费 133 万元，国家重点研发计划项目 2 项、经费 4 353 万元，省科技厅项目 45 项、总经费 1 996 万元；获得国家现代农业产业技术体系 20 个岗位科学家及 32 个综合试验站年度经费 2 800 万元。省现代农业产业技术协同创新体系 57 个岗位科学家和 32 个试验站站长年度经费 855.7 万元，新增蔬菜现代农业产业技术协同创新体系首席专家 1 人。从项目结构来看，国家级项目争取和参与能力进一步得到巩固，省内农业科研站位进一步得到提升。自主科研立项投入进一步加大，对 76 个研究项目、15 个推广项目、7 个转化项目给予了资助。

科研平台不断夯实。新增黑龙江省向日葵遗传改良工程技术研究中心、春小麦遗传育种工程技术研究中心；农业农村部种养结合重点实验室、大豆栽培重点实验室和东北平原农业环境重点实验室通过试运行考评，正式纳入农业农村部学科群体系运行。

科研氛围日渐浓厚。举办了全院第九届论文大奖赛，丰富了论文评选形式，参评论文质量有所提升。举办两次国家自然科学基金申报培训会，强化了科技奖励申报前培训指导。开展田间育种培训会，以老带新，强化了院内科研经验交流。

创新成果不断涌现。全年审定农作物新品种 55 个。其中，玉米 12 个、水稻 20 个、大豆 19 个、小麦 4 个。获得授权专利 175 件，其中发明专利 16 件，实用新型专利 159 件。黑农 84、黑农 87 大面积生产示范分别实现平均亩产 250.2 千克和 246.7 千克；联合选育品种东生 79，其平均脂肪含量为 24.16%，创我省高油大豆记录；龙稻 18、松粳 28 和松粳 22 3 个粳稻品种获得"首届全国优质稻品种

陈立新团队"寒地瓜菜生产设施（棚室）设计及关键技术集成与应用"获黑龙江省科技进步奖一等奖

食味品质鉴评"金奖。全年共有 71 项科研成果获得各级奖励。其中"优质多抗香型绥粳 18 的选育及配套技术集成示范""寒地瓜菜生产设施（棚室）设计及关键技术集成与应用"和"黑龙江省主要作物有害生物监测预警及综合治理" 3 个项目获省科技进步奖一等奖，"生物炭改良东北大豆土壤障碍关键技术研究与示范"等 11 项科研成果获省科技进步奖二等奖，"高产稳产耐密宜机收玉米新品种龙单 76 的选育与推广"等 13 项科研成果获得省科技进步奖三等奖。有 43 项科研成果获省农业科技奖，其中一等奖 23 项，二等奖 20 项。"玉米机械化播种技术和装备研究及试验示范"项目获中国机械工业科技进步奖二等奖。

丁俊杰团队"黑龙江省主要作物有害生物监测预警及综合治理"获黑龙江省科技进步奖一等奖

聂守君团队"优质多抗香型绥粳 18 的选育及配套技术集成示范"获黑龙江省科技进步奖一等奖

成果转化成效显著。全院 13 个直属单位共签署转化合同 343 个、合同金额 10 935.7 万元，自主研发的系列农机产品实现产值 140 万元，分配成果转化净收益额 5 649.8 万元。汉麻原原种基地建设等 4 个项目获得省农开办项目资金支持 2 000 万元，获省农开办产业化项目股权投资资金 5 000 万元。龙科企业孵化器成功申请成为哈尔滨市级创新创业孵化基地，新增入孵企业 9 家，获得省、市孵化器支持经费 130 万元。龙科种业科技成果产权交易中心有限公司先后评估挂牌省内外水稻、大豆、玉米等农作物新品种 72 个，完成转让签约 57 个，签约总额为 8 700 万元。与科淘网开展全面合作，助力 3 项专利技术与企业签署意向性转让协议。参加了第六届"绿博会"、首届国际大米节、第四届哈尔滨国际科技展览交易会、全国新农民新技术创新创业博览会、北京科学国际科技产业博览会，累计接待参观人员万余人次，发放资料 2 万余份。

科技推广深受好评。29 个院级推广项目深入实施，示范推广绥农 42、克杂 15 号、龙椒 13 等新品种 16 个，草腐菌生产、马铃薯复种秋白菜栽培、民猪提质增效生产、秸秆与畜禽粪污轻简化综合利用等技术 13 项，累计示范推广面积 2.15 万亩，培训农民 2.1 万人次，取得良好效果。与七台河、黑河、汤原县等县市合作共建稳步推进。启动全省大豆标准化种植科技服务行动，利用去冬今春两季，在全省大豆种植面积超过 10 万亩的 45 个县市，开展科技培训 450 场，发放明白纸 20 万份，培训农民 4.5 万人。结合庆祝首个"中国农民丰收节"，在绥化、兰西、友谊农场等地开展了以"展科技、晒丰收、话丰年"为主题的大型科技成果展示系列活动。科普图书《图话农业那些事儿》被国家新闻出版广电总局录入

2018 年《农家书屋重点出版物推荐目录》，被农业农村部评为"2018 年全国新型职业农民培育推荐教材"。黑龙江科技服务云平台影响力进一步扩大，专家在线服务效率进一步提高。

科技扶贫深入开展。为兰西县远大乡胜利村发展庭院经济 48 户，出资 11.8 万元建立"春播互助"基金，帮助新建村集体经济实体公司实现销售收入 12 万元，草业所试验基地通过提供临时工机会发放务工费 18 万余元，87 户建档立卡贫困户收入全部达到标准；为克山县北兴镇保卫村出资 0.5 万元购置教学设备，购置 4.8 万元生活物资扶贫济困，争取了 50 万元新农村建设资金用于村内基础设施建设；"三区人才"项目扎实开展，323 名科研人员被选派到在全省 28 个贫困县的 442 个村屯开展科技服务，选派人数占全省 73%，39 名科研人员被选派到深度贫困村开展科技帮扶，12 名科研人员入选全省深度扶贫专家，全年累计下乡 5 763 天，解答生产技术问题 1 026 个，开展各类培训 948 场，培训农民 4.73 万人次，服务面积 106 万亩。圆满完成第三批首轮援疆工作，新一轮 8 名科研人员已入疆工作。

对外合作走出新路。响应"一带一路"号召，科技服务走出国门，我院 9 名专家赴斯里兰卡开展了 2018 马铃薯高效生产及病害检测技术应用示范境外培训。引进 30 多个国家、地区和国际组织共计 86 位专家来我院进行学术交流和技术指导，邀请来访专家做学术报告 63 场。与斯里兰卡农业部、我国台湾大学生物资源暨农学院、比利时埃诺省农业工程中心等机构签署合作备忘录 3 份。成功推荐我院 1 名科研人员到联合国粮农组织工作一年。成功举办了联合国粮农组织国际黑土联盟第一届全会、第五届中挪农业可持续发展研讨会、第三届"中欧"马铃薯技术合作研讨会、中日自然农法国际研讨会等国际会议。对俄农业技术合作中心成功获批国家引才引智示范基地（农业与乡村振兴类）。与中国科学院、中国农业科学院、中国农业大学、南京农业大学等科研院校合作领域不断拓宽，立项、交流、创新、人才培养等取得新成效。

人才培养扎实开展。新增省级领军人才梯队 2 个，推荐新建省级梯队 2 个、调整带头人及后备带头人 9 名，目前我院省级梯队已达到 27 个，有 57 名科研骨干成为梯队带头人和后备带头人。有 2 个省级领军人才梯队、6 名后备带头人获得资助，总经费 51 万元。有 5 人通过 2017 年度正高级专业技术任职资格评审。有 4 人获省政府特殊津贴、1 人获国务院特殊津贴、1 人获省留学回国人员择优资助。出台"农科英才计划"，组织评选出 2018 年度专项首席科学家 8 人、农科英才 4 人、农科青年英才 8 人。为 54 名博士发放引进培养补贴经费 316 万元、科研启动经费 143 万元。为 55 名博士后发放科研和管理经费 165.8 万元。在我省首次"双实用人才计划"高级职称评审中，全省 15 名通过人员中有我院科研人员 13 名，占比 87%。

（九）黑龙江省农垦科学院

1. 机构发展情况

经过近40年的建设发展，黑龙江省农垦科学院成为涉及作物、农机、畜牧、信息、土肥、植保等研究领域的10个研究所，1个农机鉴定站，1个农产品检测中心和1个实验农场的综合性农业科研机构。全院职工1 500人，科研人员400余人，其中高级专业技术人员207名，具有硕士以上学位的139名。我院始终围绕垦区现代化大农业建设涉及的关键技术问题开展科学研究，研究方向包括作物育种、耕作栽培、植物保护、农业工程、畜牧兽医、农业信息、农产品检测、农机鉴定等领域。2018年在黑龙江垦区集团化、农场企业化农垦改革的大背景下，黑龙江省农垦科学院紧紧围绕黑龙江北大荒农垦集团发展，努力建设黑龙江垦区现代农业大基地、大企业、大产业，形成农业领域航母对科技的需求，积极开展科技创新、技术推广及科研条件建设工作。时值9月，总书记到垦区视察时对垦区做出"中国现代化离不开农业现代化，农业要振兴，就要插上科技的翅膀"的指示更加激发了全院广大科研人员的工作热情。

2. 科研活动及成效情况

根据新时代现代农业产业发展对科技的需求，围绕我院2018年重点科研工作任务，强化管理，层层分解，逐项落实，我院全面按照预定任务完成科研立项、课题执行及科技推广等各项科研工作。在农作物育种栽培、畜禽养殖、农机装备、农业信息化等方面，创新出解决垦区现代农业生产关键技术问题的一批科研成果，加速垦区形成农业领域航母的宏伟目标。

科技创新研究进展顺利：2018年全院申报各级各类课题共计59项，申请资金3 294万元。在研课题82项，新增科研课题33项，到账科研经费2 044.3万元，课题成果鉴定结题30项。水稻方面：把寒地水稻现代化技术标准转化为具有数字化、智能化、实用性特点的APP软件，使水稻种植更加符合标准、管理更加简单、规范。旱田作物研究方面：玉米研究创制了一批种质资源，有多个杂交组合参加各级品种试验，并开展了相关的农作物栽培技术措施研究，将为垦区乃至东北区玉米种植提供可靠的技术支撑。创新了高产优质多抗大豆种质资源，大豆新品种推广面积达5万亩以上。畜牧研究方面：建立黑龙江垦区可利用的饲料营养价值数据库，结合生产性能测定技术（DHI）的应用，实现奶牛科学化、精细化饲养。农业装备研究方面：研制出土壤深翻的液压旋转犁，为实现秸秆还田提供必要装备，课题成果通过鉴定，达到国内领先水平。农业情报信息数据化方面："基于多源数据融合的农业遥感监测技术研究"课题，完成了基于国产高分一号卫星、环境星、LANDSAT8 等卫星数据融合对黑龙江垦区农业生产进行遥感监测，其中包括作物种植结构、长势估产、水稻稻瘟病等病害、突发性自然灾害等监测，为宏观指挥及时提供客观依据。

科技创新成果硕果累累：2018 年我院共审认定农作物新品种 13 个。其中：油菜垦油 7 号为农业农村部认定品种，是公顷产量超过 2 吨以上的双低油菜品种；省审 5 个品种，为 3 个大豆品种和 2 个玉米品种；垦审 7 个品种，为 3 个大豆品种和 4 个水稻品种。新时期我院对农作物育种是在保证丰产的同时更加注重优质育种，如新育成的水稻品种米质均是国家二级米米质。2018 年全院获得授权专利 16 项，发表学术论文论著 89 篇；获得 17 项科技进步奖奖励。专利、论文代表着科研单位的创新能力，科技奖励表明科研单位成果水平和转化应用效果。

科技推广服务以点带面：全院共承担科技推广项目 25 个，经费总额 1 966 万元。其中黑龙江省农垦总局全国基层农技推广体系改革与建设补助项目 11 项，在 45 个农场和 15 个养殖场推广新品种、新技术、新装备。农业新技术推广应用面积共计 80 万亩，畜牧养殖技术应用共计牛 3 500 头、猪 6 000 头，培训指导用户 8 000 余人次，取得 8 000 万元的显著经济效益。黑龙江省农垦总局农业综合开发科技推广项目 14 项，38 项新技术在 32 个农场推广应用面积 241 万亩，培训指导用户 1 万余人次，取得 1.1 亿元社会经济效益。与垦区 9 个管理局 50 多个农场确定了合作关系，建立了示范基地，以专家＋基地＋示范户为推广模式，以技术和物化补贴为保障，加快了科技成果的转化速率，包括农作物新品种、新技术、新装备等数十项科技成果得到推广应用。通过科技推广，提高了农牧场的生产能力，为垦区的结构调整、提质增效、绿色生产提供了有力的技术支撑。

科技平台条件逐步完善：2018 年我院对阿城试验基地投资 500 多万元，硬化改造引排水沟渠、改造育秧大棚、配套供水供电设施、安装农田监控系统、物联网系统建设及配套仪器设备等。争取上级 1 480 万元资金进行两大平原黑土地保护与利用实验室建设项目。我院承担农业农村部产业技术

畜牧特产研究所培育的种公牛在全国种公牛拍卖会上获得冠军

黑龙江省农垦科学院水稻科技园区试验考种现场

体系试验站、省工程技术中心、国家观测试验站等 12 个科研平台均运行正常。玉米、水稻、奶、肉牛 4 个产业技术体系试验站年度工作经费 200 万元，科研工作任务较多，且运行良好。科研条件的提升，将进一步促进我院的科技创新能力。

科技合作交流影响深远：对外合作与交流是科研单位及科研人员获取信息资源、提高创新能力和影响力的有效途径。我院下属水稻研究所、农作物开发研究所、畜牧特产研究所、农业工程研究所等 6 个科研单位与中国农业大学、中国农业科学院、中国奶业协会、国家产业技术体系及哈萨克斯坦国家等 20 多个单位和组织以参加会议、项目合作、理论学习等形式进行合作与交流。科研人员在"中国特色作物栽培学发展研讨会"做了"寒地水稻生育智慧调控技术"报告，使得众多国家级专家对我院水稻科学研究的科研工作有所了解。参加农业农村部组织的全国新农民新技术创业创新博览会，中国作物学会大豆专业委员会主办的第 27 届全国大豆生产研讨会、中国菌物学会 2018 年学术年、黑龙江省科技厅组织的科技成果发布对接专场对接会等国内外重要学术会议，充分利用科技交流合作和新成果新技术展示的重要平台，搞好科技合作与交流，抓住机遇，凝聚合力，不断提升科技创新能力，加速科技成果转化推广力度，努力当好垦区现代农业科技排头兵，为现代农业插上科技的翅膀，在深入推进"两化一改革"和"三大一航母"改革中提供强有力的科技支撑。

（十）上海市农业科学院

1. 机构发展情况

上海市农业科学院成立于 1960 年，下设作物育种栽培研究所、林木果树研究所、设施园艺研究所、食用菌研究所、畜牧兽医研究所、生态环境保护研究所、农业科技信息研究所（数字农业工程与技术研究中心）、生物技术研究所、农产品质量标准与检测技术研究所、上海市农业生物基因中心等 10 个研究机构，1 个综合服务中心和 1 个综合试验站。拥有 25 个国家级和部市级科技创新平台及成果转化平台，博士后科研工作站 1 个。截至 2018 年底全院现有在职职工 842 人，合同制聘用人员 700 余人。其中专业技术人员 704 人，具有高级职称的 298 人，占 35.4%，硕、博士 547 人，占 65%，享受国务院特殊津贴专家 67 人，国家百千万人才 2 人，市区领军人才 32 人，上海市千人计划 1 人，1 人当选为世界食用菌生物学和产品学会主席。

2. 科研活动及成效情况

（1）学科领域建设

2018 年进一步加大对新兴学科的培育，重点加强城市伴侣型动物疫病防控技术、牛肝菌野生食用菌驯化和开发、基于小型无人机的农情监测技术、特色蔬菜瓜果新品种研发示范等新兴学科方向的建设。

（2）基地平台建设

切实加强平台资源的配置和集聚。新增国家玉米产业技术体系上海综合试验站，牵头组建了申科玉（东南区）鲜食玉米品种试验联合体，种质创新和优质新品种选育成效显著；新成立国家农作物种质资源共享服务平台（上海）以及节水抗旱鉴定中心，节水抗旱稻作为一种特殊类型的水稻品种获得国家审定委员会批准设立"国家节水抗旱稻品种区域试验"；完成农业农村部第二批农业转基因生物试验基地的申报和现场审核；国家农业环境奉贤观测实验站入选农业农村部第一批国家农业科学观测实验站。

创新科技兴农载体，助力新型职业农民培训，启动了上海新型职业农民手牵手活动。深化拓展院地、院企合作，以特色产业发展为导向，以科技项目的实施、先进实用技术的示范应用为核心，加强与上海全市各区开展技术合作和对接服务。

（3）科技创新成果产出

科研项目种类和数量稳中有升，全年申报获批 287 项，其中国家级项目及课题立项 75 项，市级各类计划项目及课题 154 项，较去年增加 11.2%。我院自主产权品种"沪软 1212"获得首届全国优质稻品种食味品质鉴评金奖，也是此次 10 个获得金奖的粳稻品种中唯一来自长江中下游地区的优质品种。4 项成果获 2018 年度上海市科学进步奖，其中"工厂化金针菇系列新品种的选育及推广应用"获上海市科技进步一等奖。"黄鳝苗种生态繁育关键技术研究与示范推广"获得全国商业科技进步奖一等奖。申请国家发明专利 130 件、实用新型专利 12 件，获得发明专利授权 37 件，获实用新型专利 16 件，获外观设计专利 1 件；申请农业植物新品种权 23 件、授权品种权 21 件；获得软件著作权 22 件，获颁布国家标准 7 个、行业标准 1 个。通过国家审定和登记、省市级审认定品种 44 个，其中国家审定品种 2 个、国家登记品种 16 个、跨省审定 1 个、本市审定 9 个、认定 16 个。出版合著专著 3 部，主编 1 部，参编 7 部，发表学术和科技论文 350 篇，其中 SCI 论文 78 篇。SCI 收录的论文影响因子总和达 206.038，比去年增长 14.5%。

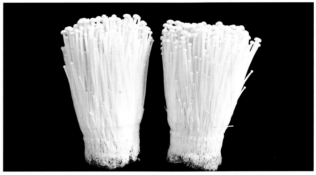

"工厂化金针菇系列新品种的选育及推广应用"获上海市科技进步一等奖

（4）成果转化应用

完成院种业人才发展和科研成果权益试点改革工作，组织实施一批自主知识产权成果签订转化转让协议，选送食用菌所"申香 215"香菇品种在河南省境内授权使用作为产学研合作实施转化典型案例上报国家和市科委；启动了首批科技成果转化助推项目，重点聚焦动物疫苗、保健食品、农产品保鲜产品和转基因试剂盒等 11 个项目。全年科技成果转化项目 26 项，合同金额 2 816 万元，比去年增长 32.4%，其中"申抗 988"西瓜品种权转让创 800 万元纪录。进一步拓展渠道，提升农业科技长三角区域一体化发展质量，与浙江平湖、嘉善签署农业科技合作协议，与兄弟省市农科院合作开展长三角桃、梨新品种、新技术路演与品鉴活动。

（5）扶贫攻坚

围绕新疆、西藏、贵州、云南、青海等上海对口帮扶地区的产业发展特点，梳理技术及农业新品种需求点，产业扶贫取得明显成效；院设施园艺实验室"帮扶贵州遵义道真县落实菜县菇乡计划，助力黔菜入沪入渝"被列入上海东西部扶贫十大事例。

（6）国际交流合作

积极构建国际交流协作网络，加入全国科技"走出去"联盟。围绕国家"一带一路"对外合作战略，搭建了"一带一路"专项国际合作平台，与中亚国家签署合作备忘录；与韩国、芬兰、美国等国的科研院所和国际组织共签署了 15 份国际合作协议或农业科技合作谅解备忘录。成立 CIMMYT- 中国特用玉米研究中心，是我院在"十三五"期间的第一个国际合作挂牌项目。进一步推进开放办院，大力推动国际科技合作交流，共派遣 56 批次 118 人次科技人员参加境外培训、国际学术交流；6 项引智项目获国家外专局和上海市外专局批准立项，引进确有专长的外国专家共 39 名，特聘教授荣获 2018 年度上海市"白玉兰纪念奖"；张树庭教授获 2018 年度"上海市国际科技合作奖"。2018 年年内举办了"第九届世界食用菌生物学及产品学大会""首届营养型农业产业发展论坛暨科技成果转化供需对接会""2018 上海国际室内植物工厂研讨会""2018 兽医科技发展国际论坛暨上海兽医公共卫生论坛"及中美"生鲜食品链的质量安全风险分析"高峰论坛等大型国际学术交流会议，接待境外来宾 57 批次，298 人次。

CIMMYT– 中国特用玉米研究中心授牌成立

（十一）江苏省农业科学院

1. 机构发展情况

2018 年，全院共建有 17 个专业所（中心）、11 个农区所和 1 个新洋试验站，较去年未发生变化。但结合新时期事业发展需要，对部分内设机构及职能进行了调整，行管保卫处更名为基建管理处，非基建管理职能划归综合服务中心；综合服务中心更名为后勤服务处；院部试验地、智能温室、大棚等科研设施、农田水利等的运行管理职能划归基地管理处；知识产权处和科技服务处合并，成立成果转化处；组建院继续教育学院、检验测试中心，参照研究所管理的正处级单位运行，继续教育学院挂靠人事处，检验测试中心挂靠成果转化处。

2. 科研活动及成效情况

（1）科学研究课题

2018 年，全院新上科研项目 1 100 项，新增科研合同经费达到 4.5 亿元；主持国家重点研发计划项目 2 项、课题 7 项，合同经费超过 8 100 万元；获国家自然科学基金资助 62 项，其中面上项目 22 项；软科学研究获 2 项国家社科基金和 2 项国家自然基金项目支持。

江苏省农业科学院经济作物研究所陈新研究员主持的"绿豆新品种选育及绿色高效栽培技术集成应用"荣获江苏省科学技术进步奖一等奖

（2）重要研究进展

2018 年，我院在绿豆新品种选育及绿色高效栽培技术集成应用方面取得进展，相关研究成果获得江苏省科学技术一等奖。该研究成果主要针对我国东北、黄淮、南方三大主产区绿豆产量低、机械化程度不高以及黄淮区豆象、南方区叶斑病发生程度重等生产难题，围绕资源收集评价、特异种质创新、新品种选育和配套栽培技术进行攻关，创制出适合三大主产区推广应用的系列新品种及绿色高效栽培技术模式。

（3）科研平台条件

2018 年，全院科研平台条件日趋完善。"农业部长江中下游设施农业工程重点实验室"等两个农业农村部重点实验室考核评估优秀并获首批立项资助；江苏省特色农产品营养与功能化开发工程中心获省发改委立项；首批启动试运行 4 个院工程实验室。

（4）科技成果产出

2018年，全院科技成果产出水平持续提升，知识产权创造指数位居全国科教单位第七。累计获得江苏省科学技术奖6项，其中，"绿豆新品种选育及绿色高效栽培技术集成应用"获一等奖，4个项目获二等奖；发表期刊论文1 103篇，其中SCI（EI、ISTP）收录论文296

高抗豆象品种——苏绿6号

创制了世界上首个绿豆花开张新种质

篇，授权植物新品种权 51 项；授权专利 290 项，其中发明专利 148 项；"猪支原体肺炎灭活疫苗（NJ 株）"等两项兽药获国家三类新兽药注册证书；15 项技术入选部省级主推技术。

（5）学科建设发展

2018 年，全院学科体系建设稳步推进。组织开展学科建设进展交流会，对全院 11 个重点学科、14 个预培育学科和 13 个 "小而特" 学科进行中期评估，为各学科发展明确目标、方向和重点；围绕农业农村部职能，优化调整科研力量布局，新设农业水土工程等研究方向；研究发布 "大育种""大资环""大营养" 等特色创新集群建设方案，探索打造学科高地。

（6）对外合作交流

2018 年，全院对外合作交流水平不断提升。成立首个国际组织联合实验室和首个列入政府间计划国家级合作平台。通过 "产学研联合抱团出海"，在缅甸建立食用豆和水稻优势成果示范展示基地；启动与中亚国家的合作；对接国家计划，组织科技人员赴哥伦比亚等国家执行科技培训任务；与 "一带一路" 沿线 40 余个国家的科研机构建立合作关系。选派 3 名优秀科技人员赴国际组织任职培训；举办 6 场国际学术交流会议；与江苏大学共建南京研究生院，首批聘任博士生导师 11 人，硕士生导师 88 人。

（7）科技扶贫

2018 年，我院进一步强化科技引领，助力精准扶贫，成效显著。在全省 12 个重点扶贫县（区）遴选 14 个省定经济薄弱村，实施 "一所（室）一村" 产业帮扶项目 12 个，投入经费 154 万元；梳理总结我院近年来苏北五市产业帮扶经验，部署 11 个农业科技扶贫短平快项目；在全省新建 6 个综合示范基地和 15 个特色示范基地，遴选打造 5 个特色小镇和特色田园乡村。

（8）科技成果转化推广

2018 年，我院继续坚持服务产业导向，探索完善 "公益性、市场化、平台型" 成果转化模式，加快最新成果转移转化。按照 "即研即推" 政企研合作思路，已先后与地方政府、涉农企业等组建 20 余家产业研究院，以企业需求定研发任务，前置技术转移节点，缩短技术转化周期；以高效服务产业发展为目标，组建成立江苏省苏农科技转移中心，拓展我院成果与市场接轨能力。2018 年全院成果转化到账收益达 1.84 亿元，科技成果转化合同总金额在地方所属研究开发机构中排名第一，连续九届获 "金桥奖" 先进集体称号。

（十二）浙江省农业科学院

1. 机构情况

2018 年本院新增科学研究机构 1 个，农业装备研究所；3 个附属机构，浙江省农业农村规划研究院、浙江农艺师学院、浙江省农业科创园。现共有畜牧兽医、作物与核技术利用、植物保护与微生物、农村发展、蔬菜、蚕桑、农产品质量标准、环境资源与土壤肥料、园艺、病毒学与生物技术、食品科学、数字农业、农业装备、花卉、玉米、柑桔、亚热带作物 17 个专业研究所，涵盖种子种苗、安全生产与生态、加工保鲜、高新技术和农村发展五大领域。

2. 科研活动及成效情况

科研项目争取和实施取得新突破。新获资助省级以上项目 113 项，到位科研经费 2.62 亿元。其中国家重点研发计划项目（课题、任务）28 项，国家、省自然科学基金项目 41 项，省重点研发计划项目 8 项。作为主要技术支撑单位研发的巴贝集团"全龄人工饲料工厂化养蚕项目"颠覆传统养蚕模式，正式投产；研发的优质香菇工厂化栽培专用品种和周年高效生产模式，有望实现亩产百吨、产值百万；育成的青花菜新品种"浙青 75""浙青 80"等具备较大的进口替代潜力；选育出不同颜色油菜系列新品种，为农旅结合新业态提供技术支持。

获省级以上科技成果奖励 17 项。通过国家 / 省审定（登记）植物新品种 26 个，获得品种权保护 8 件；获得国际、国家发明专利 63 件，实用新型专利 34 件，计算机软件著作权登记 69 件，获颁布标准 11 项。作为第二完成单位、第二完成人的"梨优质早、中熟新品种选育与高效育种技术创新"成果获国家科学技术进步奖二等奖；主持的"青壳高产蛋鸭配套系育成及产业化关键技术研发与应用"获中国产学研合作创新成果一等

我院主持完成的"杨梅病虫害监测与绿色防控技术创新及应用""水稻优质高配合力不育系钱江 1 号 A 的创制及应用""浙江省鸭遗传资源挖掘与利用""瓠瓜优质抗逆新品种选育与分子育种技术研究"4 项成果荣获省科学技术进步奖二等奖

奖。"杨梅病虫害监测与绿色防控技术创新及应用"等 4 个成果获省科技进步二等奖。发表影响因子 5.0 以上的论文 15 篇。

"观赏作物资源开发国家地方联合工程研究中心（浙江）"通过国家发改委首次考核，创意农业、果品产后处理、农产品信息溯源 3 个农业农村部重点实验室获批正式建设。"全国名特优新农产品营养品质评价鉴定机构"获农业农村部农产品质量安全中心批复建设，新获批"全国饲料和饲料添加剂定点检测机构""农业农村部农产品及加工品质量安全监督检验测试中心（杭州）"顺利通过了评审认定，顺利通过国家农药登记试验资质复评审；"国家柑橘品种改良中心浙江分中心""农业部南方蜂产品质量监督检验中心"等 4 个部级平台通过验收。省农作物种质资源库项目已报省发改委正式立项，进入初步设计阶段。

制定并公布"学科领域—研究方向"两级学科体系架构，梳理论证学科领域、研究方向及建设任务，明确学科建设阶段性目标，形成了 22 个学科领域 133 个（含拟建新建）研究方向的学科体系架构。完成 124 个研究方向学科建设任务书签订。制定出台学科建设考评和学科建设专项资金等管理办法，建立学科建设工作基本制度。新建农业装备研究所，加强水产新学科建设，推进 19 个扶持学科发展，组织新建学科和扶持学科的年度考核。

国际合作交流呈现新格局。与国际半干旱地区热带作物研究所建立战略合作关系，并拟共同组建农作物分子设计育种联合实验室；与美国阿肯色大学签订合作协议。在种桑养蚕、食品加工、农产品质量安全、油橄榄育种品质等方面，分别与乌兹别克斯坦丝绸工业部、韩国世界泡菜研究所、越南农科院、西班牙加泰罗尼亚农业与食品技术研究所签署合作协议。举办国际学术交流研讨会 23 场次。国家自然科学基金中国—以色列联合研究项目获立项资助。

服务主战场，支撑主导产业、服务新型主体。31 个品种列入 2018 年种植业主导品种，25 项技术列入省级以上主推技术，其中杨梅"一网三防"绿色安全生产技术列入 2018 中国农业农村十大新技术（中国农业科学院发布），7 个农作物新品种亩（百亩）产创浙江之最。建立各类示范基地 303 个，对接现代农业园区 48 个，召开观摩交流会 30 余场。围绕质量兴农、绿色兴农，示范推广新品种新技术 125 个（项），辐射面积达 680 万亩以上。智慧施肥信息系统在全省 2/3 县（市、区）推广，促进减肥增效。承担了全省 48% 的农产品抽检任务和 55% 的绿色食品认证检测任务，助力我省全国首个农产品质量安全示范省创建。打造技术创新与技术转移融合新平台，主动对接服务专业合作社、企业 700 余个。打造职业教育新平台，与省农业农村厅联合组建了浙江省农艺师学院。举办生产经营管理和技术培训班，开展各类培训 129 期，培训 9 680 余人；邀请科技专家 500 余人在线咨询服务。与13 个市县（区）新签续签科技合作协议，合作市、县（市、区）增至 43 个，全年实施合作项目 236 项，推广新品种新技术 400 多项。加强区域科技合作，与苏沪皖农科院共同成立

"长三角乡村振兴农业科技联合服务团"，承办首次现场服务活动。

增强精准度，提高帮扶实效。创新法人和团队科技特派员工作模式，建立"一员带一站""一员一基地"工作机制，组建科技特派员服务站8个。在全省科技特派员15周年大会上8名同志被授予省突出贡献科技特派员，24名同志受到通报表扬。启动新一轮结对帮扶工作，制定武义大溪口乡溪口村帮扶方案。积极开展科技援疆、援藏、援青及科技支宁、支渝等工作，"边疆干旱地区利用林果枝栽培黑木耳"项目被省援疆指挥部和阿克苏地委列为脱贫攻坚工程；与宁夏石嘴山市共建农业科技创新产业研究院；继续实施西藏那曲农产品质量安全智力援藏项目。

加强成果转化体系顶层设计，制定出台《加强科技成果转移转化工作体系建设的若干意见》。扩大科技成果作价入股转化，研发的蓟马高效引诱剂技术、金乌猪新种质及相关选育技术、雄蚕新品种"秋·华×平30"母种和杂交种等成果，通过挂牌交易、公开竞拍等方式分别作价入股公司。组织科技成果春、秋季拍卖活动，改进提升了科技成果路演推介会、成果拍卖会、省农博会等宣介展示效果。组织召开粮油、蔬菜、果品、食用菌、鲜食玉米等综合性科技成果示范展示现场会12次；举办或参与举办长三角农创项目路演等活动8次，促进了科技成果与市场的精准有效对接。

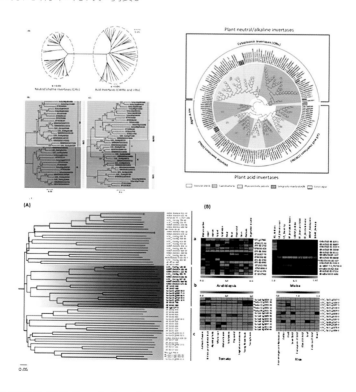

我院蔬菜研究所万红建副研究员为第一作者、我院为第一完成单位的论文"Evolution of Sucrose Metabolism: The Dichotomy of Invertases and Beyond"在 *Trends in Plant Science*（5年平均影响因子13.442）上发表。通过对番茄等植物蔗糖代谢研究，发现蔗糖代谢基因的演化模式，为作物产量和逆境胁迫等性状改良提供新方向

（十三）安徽省农业科学院

安徽省农业科学院是省政府直属综合性农业科研事业单位，1960年建院。下设水稻、作物、棉花、园艺、蚕桑、茶叶、烟草、畜牧兽医、水产、土壤肥料、植物保护与农产品质量安全、农产品加工、农业工程、农业经济与信息14个专业研究所。全院现有在职人员836人，其中各类专业技术人员657人，博士167人，硕士261人。专业技术人员中，正高115人，副高195人。5人入选国家百千万人才工程和国家级优秀专家，38人享受国务院特殊津贴，28人为省级学术带头人。1个科研团队入选农业农村部"第二批农业科研杰出人才及其创新团队"，9个科研团队入选省"115产业创新团队"。

1. 科技创新成果丰硕

实施加快推进科技创新意见，加大各类项目争取力度，新增国家重点研发计划、国家自然科学基金等各类科研项目（课题）383项，其中，国家重点研发计划项目1项、课题5项，国家自然科学基金项目5项，中央引导地方科技发展专项4项，省科技重大专项6项、科技攻关项目6项，省自然科学基金9项等，到账项目经费1.59亿元。成果奖励获得突破，合作获得国家科学技术进步奖二等奖3项；主持获得省科技一等奖1项、二等奖2项；合作获得省科技一等奖1项、二等奖2项。审（鉴、认）定品种45个，其中国审品种4个，

两优531：平均亩产645.24千克，全生育期138.0天，每穗总粒数213.9粒，结实率81.1%，千粒重26.1克；抗稻瘟病综合指数为3.3，白叶枯病3级；米质综合评级为国标优质3级、部标优质2级

荃麦725：平均亩产536.8千克，容重800克/升以上，籽粒硬度25~35；半冬性，播期弹性大，分蘖力强，穗多、粒大，综合抗性好

获得植物新品种权授权 31 个；获授权专利 158 件，其中发明专利 38 件；获得软件著作权 98 件；制定国家标准 1 项、行业标准 1 项，制（修）订地方标准 44 项；发表学术论文 366 篇，其中 SCI/EI 论文 77 篇，出版学术著作 5 部，科研成果水平不断提高。

2. 科技创新取得新突破

植物基因编辑获得更加稳健和有效的方法。在成功建立植物 CRISPR-LbCpf1 系统的基础上，利用同一个启动子驱动 Cpf1 和 crRNA 的表达，形成一个单转录单元（STU），同时利用结构学结果，扩展了 LbCpf1 的编辑范围。扩展型单转录单元（STU）的 CRISPR-LbCpf1 系统增强水稻基因组编辑，可稳定实现多基因共编辑。小麦抗耐赤霉病育种取得新进展。创制出一批抗赤霉病小麦新资源，获得聚合 2 个抗赤基因的株系 318 个，聚合 3 个抗赤基因的株系 48 个；抗耐赤霉病优质中强筋高容重小麦新品系乐麦 185，进入国家黄淮南片区试。水产研究获进展。开展杂交黄颡鱼人工规模化繁殖技术研究，通过黄颡鱼属种间群体形态学和遗传学研究，构建了系统发生树，采用种间杂交方法，实现了黄颡鱼（♀）× 瓦氏黄颡鱼（♂）规模化杂交繁育，人工繁殖出苗率由 30% 提高到 51% 以上；开展水域生态安全评价，初步揭示了巢湖水生态系统中重金属的生物富集规律、重金属沿着食物网的迁移转化规律，可为大尺度流域水域生态安全评价提供科学依据。开展玉米新病毒（玉米黄花叶病毒）抑制子抑制机理研究。对首次发现的新病毒玉米黄花叶病毒的抑制子进行了鉴定，明确了抑制子行使功能的主要结构域，提高了对该新病毒致病机理的认识，丰富了玉米病毒的基础理论。研制成功国内首个"水稻病虫害智能识别与服务系统"。利用基于人工智能深度学习的图像分类与识别技术，突破自然条件下作物病虫害识别应用瓶颈，开发出可自动识别水稻病虫害的手机 APP 应用系统。

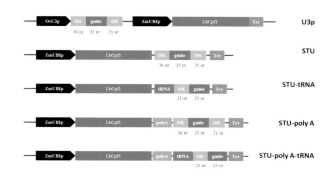

不同 crRNA 表达策略 Cpf1 效率比较

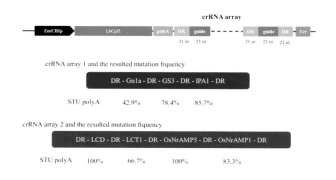

扩展型 Cpf1–STU 系统实现高效多基因编辑

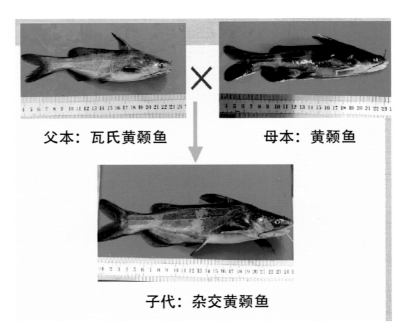

父本：瓦氏黄颡鱼 × 母本：黄颡鱼

子代：杂交黄颡鱼

杂交黄颡鱼人工规模化繁殖技术

3. 创新条件进一步改善

开展学科建设推进年活动，按学科重组 68 个研究室，凝练 92 个学科研究方向，建立 100 余支科研团队，基本形成了设置科学、特色鲜明、契合需求的学科体系。召开人才工作会议，不断推进人才队伍建设，新增国务院特殊津贴专家 4 人、省特殊津贴专家 5 人，新增省农产品加工技术体系首席专家 1 人；在职培养博士 29 人，招聘博士 12 人，2 位优秀博士进入院博士后工作站；完善职称评审推荐办法，52 人获得岗位晋升、85 人获得岗位晋级，其中 1 人从助理研究员直接晋升研究员；出台《院青年英才计划实施办法》，青年人才培养使用力度进一步加大。平台建设迈出新步伐，建筑面积 1.8 万米^2、投资 9 970 万元的院农业生物科学综合实验楼获省政府批准立项，国家水稻分子育种国际联合研究中心、省农作物病虫害绿色防控技术国际联合研究中心、畜禽产品安全工程省重点实验室、水产增养殖省重点实验室、省特种水产养殖国际科技合作基地获批建设；国家小麦改良中心合肥分中心、国家农作物品种区域试验站（龙亢）、农业农村部植物新品种测试阜阳分中心完成建设任务；国家水稻改良中心合肥分中心二期、国家棉花改良中心安庆分中心二期建设通过验收；农业农村部长江中下游稻作技术创新中心建设通过验收，并获 2018 年全省引才平台奖补贴 50 万元。决定建设安徽省作物基因编辑研究中心和安徽省畜禽疫病研究中心，并通过了建设方案。皖北研究院启动运行，皖南研究院建设获得进展；南繁基地新增 200 亩面积，蒙城马店、濉溪杨柳等长期观测点建设得到加强，科研基础条件显著改善。

4. 科技交流与合作不断深化

坚持创新、开放、合作、共赢理念，积极拓展国际交流合作，实施各类引智、推广及出国培训等项目 30 项，引进澳大利亚联邦科学与工业研究组织、英国洛桑研究所等外国专家 22 人次来院开展学术交流，与柬埔寨绿福源农业科技有限公司共建节水抗旱稻新品种柬埔寨合作研究中心；派出 6 位青年科技人员赴美国、澳大利亚等国开展为期

安徽省农业科技创新联盟成立大会

1 年的访学，组织 26 个因公出访团组 54 人次赴境外培训。扎实开展国内科技合作，牵头成立安徽省农业科技创新联盟，涉农科研院校、农技部门、龙头企业等 119 个成员单位组成联盟理事会，组织成员单位参加省农交会、上海农交会、改革开放 40 周年成果转化展，举办多场供需对接会；与中国科学院智能研究所合作研发我国首个水稻病虫害智能识别应用服务系统，与省烟草公司合作建立示范园。主办全国和区域性大中型行业学术会议 66 场、国内外同行交流学术活动 73 场，科技合作与交流活动丰富多彩。

5. 精准扶贫成效显著

高度重视对口帮扶桃铺村扶贫工作，召开专题会议 9 次，组织开展技术服务 232 人次，走访慰问 54 场次，投入各类资金 120 余万元，无偿捐赠结对帮扶资产 104 万元。2018 年，桃铺村集体经济收入 16.2 万元，贫困发生率 0.66%，县、镇、村及贫困户对我院帮扶工作满意度 100%，桃铺村已获批退出贫困村序列。组建服务团队，对大别山区、皖北地区、沿淮行蓄洪区等深度贫困地区和国家级等各类农业园区提供精准帮扶和服务，与岳西县政府共同组建岳西特色农业研究所，帮助岳西县制定乡村振兴战略 2018 年度实施方案、成功申报院士工作站和"中国蚕桑之乡"称号，同时支撑蚕桑、水果、蔬菜、茶叶、中药材等特色产业发展；帮助太湖县推广稻渔综合种养技术 6 466 亩，带动养殖户 57 户；帮助亳州市制定中药材产业发展规划；支持阜南县发展番鸭产业等，科技扶贫工作扎实有效。

6. 成果转化助推乡村振兴

推进成果转化，全年转让、许可作物新品种经营权 20 个，提供农作物新品种 86 个、新技术 60 项、产业规划 10 项，成果转化服务收入 3 500 余万元，比 2017 年翻了一番。制定乡村振兴科技支撑行动计划，从全省 16 个市征集乡村振兴示范村及农业重大科技需求，

我院科技服务团队赴凤阳参加"三下乡"活动

并组建团队提供对应服务。建立小麦、水稻、玉米、大豆、油菜等粮油产业示范基地100余万亩，辐射面积1 000余万亩，稳定粮油产量、优化品种结构，提高粮油生产效益；建立蔬菜、林果、茶叶、蚕桑、中药材、棉花、烟草等经济作物示范基地近30万亩，辐射面积800余万亩。此外，还大面积示范稻渔综合种养、农药化肥双减、畜禽健康养殖、秸秆粪污无害化处理等技术。扎实服务经营主体，为339个农业新型经营主体提供技术服务，帮助培育新型农业经营主体28个，协助创建区域特色品牌22个。积极参与"四送一服"双千工程，深入80多家农业企业宣讲政策，与20多家企业建立了合作关系，解决企业难题30余项，工作业绩得到广大企业充分肯定。组织9批次27名专家赴9个市县参加省人社厅组织的专家服务基层活动，积极参加省文化科技卫生"三下乡"活动，工作成效得到主办单位和服务对象一致好评。积极向各级农业部门提供产业发展意见建议，起草的2018年全省小麦赤霉病防效评估报告由省农业农村厅报送省政府，参与起草了《安徽省农作物秸秆综合利用三年行动计划（2018—2020)》，科技支撑乡村振兴实现良好开局。

我院开展科技赶集活动服务春耕生产

（十四）福建省农业科学院

2018 年，福建省农科院认真贯彻落实中央、省农村工作会议精神和福建省委政府一系列决策部署，着力强化科技创新与服务"三农"，坚持深化院所改革，走内涵式发展道路，各项工作取得较好成效。

1. 突出创新引领，支撑能力进一步增强

围绕创新驱动战略实施，坚持科研立院，强化科研管理与服务，推动重点工作落实，完成了年度目标任务。

品种选育成效明显。积极推进种业创新，跟踪品种的区试、审定（登记）工作。全年 2 个品种通过国家审定，8 个品种通过国家品种登记，24 个品种通过省级审定，11 个品种通过品种鉴评，完成年度目标任务。育成我省首个米质达部颁一级的杂交稻新品种"荃优 212"。

强化适用技术研发。围绕全省农业四大行动，设立重点攻关项目，组织开展化肥农药减施增效、畜禽健康养殖与疫病防治、作物绿色防控、畜禽污染治理与循环农业等关键技术研发。化肥农药减施增效技术可使水稻、茶园、水果生产中的化肥、农药减施 20% 以上，肥料利用率提高 10 % 以上。

科研立项稳步发展。制定"十三五"科技创新团队建设绩效考核实施办法，以科研业绩、人才队伍、团队管理为主要评价内容；设立了国家基金院级贮备项目和院级自由申报项目。全年组织申报省部级以上项目 271 项，新增科研项目 512 项，经费 1.2 亿元；其中国家级项目 58 项，经费 3 600 万元。同时，获得农业行业标准立项 3 项、省地方标准制修订项目 12 项、省标准化项目 3 项。

成果奖励完成目标。修订了《科学技术奖奖励办法（试行）》，全年获得省科技进步奖 11 项，其中一等奖 1 项，二等奖 5 项；获得省畜牧兽医科技一等奖 1 项、省标准贡献奖 3 项，获颁地方标准 3 项；

2018 年 12 月 5 日，福州，黄瑜研究员主持的项目获得省科技进步一等奖

完成成果评审 32 项，申报 2018 年省科学技术奖 22 项，科研项目到期结题率 100%；完成第二轮省种业创新与产业化工程总验收。

对外合作不断拓展。以英语培训、访学研修、合作项目为抓手，推动对外合作取得进展。组织 22 人参加出国留学培训班，16 人通过考试。遴选 10 人赴国外、22 人到国内大院大所访学研修。获国家外专局资助 1 项，省外专局资助 2 项，安排院对外合作项目 16 项。与英国、美国、智利等国外院校以及我国台湾院校、江苏农业科学院、新疆农业科学院等国内单位建立合作关系。

2. 突出团队运作，服务成效进一步彰显

围绕乡村振兴战略实施，扎实服务福建特色现代农业发展，加强与农业重点县（市）、一区两园、新型主体的结合，科技服务实现"从单兵作战到团队服务""从被动服务到主动服务""从单点服务到示范辐射""从短期服务到长效服务"的转变，完成了年度目标任务。

深入推进团队服务。立足于提升科技服务效能，促进产学研用紧密结合，通过建立集团服务模式，提升对产业链发展的支撑作用。组建 22 个科技服务团队，制定《科技服务团队建设管理办法（试行）》，完善团队建设方案，加强项目检查和目标考核，组织实施全产业链科技示范项目 22 项。推进科技特派员工作，出台管理办法，调动科技人员担任科技特派

2018 年 6 月 14 日，政和县铁山镇，果树科技服务团队下乡服务

员的积极性，组建法人科技特派员 13 个、团队科技特派员 27 个、认证省级科技特派员 269 名，是全省选派科技特派员最多的单位之一。创新科技服务模式，建立科技服务"十步工作法"；建立多岗位共推互促模式，推广技术明白纸、农事历等；举办"乡村调研方法培训会"等，提高了科技人员的服务技能。

精准对接产业需求。根据区域产业发展需要，推动技术需求与技术供给的对接契合，遴选并实施一批技术含量高、综合效益明显、带动力强的项目。聚焦院地合作，与浦城、周宁、连城、德化 4 个县签订协议，目前，院地合作签约县达 13 家，实施 34 个科技示范项目，为县域农业特色产业发展提供品种优化方案、技术集成措施等服务。聚焦科企对接，与莆田闽中有机食品、福建文鑫莲业、福建满堂香茶业 3 家企业签订合作协议，协助建设企业研发中心、标准化基地等。

强化技术集成示范。通过建立示范基地、指导培训，集中应用新品种新技术，提升辐射推广力度。推进基地建设，新建 30 个院级示范基地，目前授牌示范基地达 60 个，实行跟踪管理、精准服务，发挥了标杆和带动作用。推进示范推广，共引进和示范新技术、新品种 400 多项，建立示范片（点）232 个，面积近 2 万亩，辐射推广 10 万亩；服务新型主体 258 家，帮助解决生产难题 219 项；新增社会经济效益逾 6 亿元。推进科技培训。继续实施农村实用技术远程培训，全年培训农民 102 万人次；开展田间培训 245 场，培训农民和技术骨干 1.9 万人次，帮扶一批青年农民和企业家成长为致富带头人；参与指导全省非洲猪瘟防控，举办 10 场次技术讲座，帮助企业制（修）订防控预案 20 多项。

成果转化实现突破。通过政策宣讲与培训，规范成果转化管理程序，多渠道多形式推介科技成果。全院申请、授权发明专利数量分别为 248 项、84 项，转让专利、新品种数量分别为 20 项、26 项，签订技术合同 1 360 份，金额 3 486 万元，实际到账金额 2 724 万元，纯收益 2 100 元万。

闽宁协作取得实效。会同福建农林大学助推宁夏固原"四个一"工程建设，帮助编制总体规划和 5 项配套规划，组织 6 个研究所的 30 多位专家组成专家团队，服务林草、生态林、田园综合体等示范点 25 个，举办培训班 4 期，培训学员 500 多人。"四个一"工程取得初步成效，固原市委市政府专程发来感谢信。

3. 突出条件建设，基础设施进一步改善

积极组织申报各类国家、省级创新平台，推进新旧大楼和区域分院建设，取得了积极进展，基础条件建设得到进一步改善。

推进院所基本建设。积极改善科研办公条件，克服不利天气等客观因素影响，重点项目

建设取得积极进展。建设院综合实验大楼，完成总建筑面积 2.6 万米^2，地上 15 层，目前已完成地下 2 层、地上 7 层施工；旧实验大楼修缮已完工，并于 2018 年 12 月 25 日交付了使用单位。

推进区域分院建设。积极拓展区域科研基地，发挥其在支撑区域特色农业发展等方面重要作用。南平分院正式挂牌。与南平市政府联合建设，组建完成生态农业、植物保护、生物技术和数字农业 4 个研究中心，完成试验基地功能区规划设计，实施 11 个科研项目。闽北分院取得进展，在建瓯建设科研基地，取得建瓯 169 亩农用地土地证，初步完成土地平整工作，大门、围墙等项目开始施工。闽南分院动工建设，科研综合楼建筑面积 5 471 米^2，于 2018 年 9 月 28 日动工，大楼建成后，将有效改善亚热所的基础条件。

推进科研平台建设。做好各类平台申报的审核与服务，设立了省重点实验开放专项基金等。2018 年，获得省级平台立项 2 个，其中，省科技厅野外科学观测实验站 1 个（农田生态系统福建省野外科学观测研究站）、省发改委工程研究中心 1 个（福建省兽用疫苗工程研究中心）。水稻国家工程实验室等 3 个平台获得高水平科技研发创新平台经费补助。"农业农村部福州作物有害生物科学观测实验站"等 5 个农业基本建设项目竣工验收，"农业农村部植物新品种测试福州分中心建设项目"通过初验收。2 个院生产工程化实验室竣工通过验收。

2018 年 11 月 1 日，南平建阳区，省农科院南平分院举行揭牌仪式（摄影：刘碧云）

（十五）江西省农业科学院

1. 机构情况

（1）机构历史沿革

江西省农业科学院成立于 1934 年，是全国较早设立集科研、教育、推广三位一体的省级农业科研机构。1934 年，被命名为江西省农业院。中华人民共和国成立后，在党和政府的重视下，江西省农业科研机构不断发展、壮大，先是在 1948 年成立了江西省农林试验总场，并于 1950 年改名为江西省农业科学研究所，后根据现代农业发展的需要，于 1975 年组建了江西省农业科学院，而后沿用至今。该院成为推进江西省农业科技发展的重要机构。

（2）机构设置及人才结构

①机构设置

设有 7 个处（室）、2 个中心，有党委（行政）办公室、组织人事处、科技管理处、计划财务处、成果转化处、科技合作处、保卫处、后勤服务中心和基地管理中心。下属 13 个研究所、2 个研究中心，包括水稻研究所、土壤肥料与资源环境研究所、作物研

江西省农业科学院萍乡分院揭牌仪式

究所、园艺研究所、畜牧兽医研究所、植物保护研究所、农产品质量安全与标准研究所、农产品加工研究所、蔬菜花卉研究所、农业应用微生物研究所、农业经济与信息研究所、农业工程研究所、原子能农业应用研究所、江西省超级水稻研究发展中心、江西省绿色农业中心。

②人才结构

至 2018 年末，全院在职职工 623 人，其中专业技术人员 499 人，专业技术人员中具有正高职称资格的 92 人，具有副高职称资格的 168 人。有博士 109 人，硕士 172 人，硕士以上学历人才占在职职工的 45.1%。全院现有 1 名中国工程院院士、1 名全国杰出专业技术人才、1 名"万人计划"青年拔尖人才，3 名"杰出青年科学家"，2 名江西省突出贡献人才，在职享受国务院特殊津贴专家 15 名和省政府特殊津贴专家 9 名；14 名专家入选"赣鄱英才 555 工程人选"，30 名专家入选"省百千万人才工程人选"；江西省青年科学家（井冈之星）培养对象 3 人；省级学科带头人 12 名，省部级优势创新团队负责人 6 名。农业农村部聘任的国家现代农业产业技术体系岗位专家 3 名和试验站站长 14 名。

2. 科研活动及成效情况

（1）科研课题

2018 年度，该院新上项目 102 项，其中国家重点研发计划 9 项，国家自然基金立项 7 项，省科技厅项目立项 8 项，省协同创新专项 4 项，其他 74 项。全年到位科研经费 9 250 万元，其中新上的国家重点研发计划项目"江西双季稻区绿色规模化丰产增效技术集成与示范"，到账经费 1 657.6 万元（总经费为 2 840 万元）。

（2）重要的科研进展

①长江中下游东部双季稻区生产能力提升与肥药精准施用丰产增效关键技术研究与模式构建

"十三五"国家重点研发计划项目"长江中下游东部双季稻区生产能力提升与肥药精准施用丰产增效关键技术研究与模式构建"2018 年度主要工作进展：开展了"红黄壤稻田质量次生障碍因素研究""红黄壤丘陵区水稻再生两熟高产机理及调控技术研究""双季稻肥料高效利用与精准施用技术研究""双季稻病虫草害精准防控技术研究""红黄壤丘陵区双季稻农机农艺融合关键技术研究"5 个课题 20 余个专题的研究，初步布置各类研究实验 22 个，目前已经落实，并着手开展。整理试验数据，发表论文 31 篇，发明专利授权 1 项，实用新型授权 5 项；发明专利申请 9 项；实用新型申请 2 项，地方标准立项 3 项。

②长江中游优质、多抗、高产双季晚粳水稻新品种培育

"十三五"国家重点研发计划"长江中游优质、多抗、高产双季晚粳水稻新品种培育"（项目编号：2017YFD0100406），主持人，余传源研究员，2018 年度主要研究进展：a. 收集包括江苏、浙江、安徽等地选育品种及品系共计 300 多份，并对其进行性状鉴定。b. 创制出综合农艺性状优良、长粒型、米质优、抗性好的育种新材料 78 份；两系粳稻不育系新材料 17 份，创制恢复系 8 份；选育 8 份不育系，9 份恢复系；定型两系粳型不育系 11 个。c. 新品种选育：育成 1 个双季晚粳新品种粳糯 795 通过安徽省审定。育成 1 个常规晚粳新品种鄂香 2 号通过湖北省审定。d. 后备品种选育：育成华粳 16 等共计 17 个品种（系）参加江苏省、安徽省、江西省和湖北省晚粳稻各级中试。e. 新品种示范推广：累计推广面积 82 万亩左右。f. 共组织了 3 次现场观摩会和测产会，培训了 260 余名种田大户和农民。

（3）科研条件

截至 2018 年，我院拥有国家级科研平台 2 个，分别为国家红壤改良工程技术研究中心、水稻国家工程实验室；省部级科研平台 21 个，其中省部级重点实验室 6 个，工程（技术）研究中心 3 个，科学观测实验站 4 个。

该院已建有 4 个科研试验基地，即海南南繁基地 200 亩、东乡基地 210 亩、鄱阳湖生态经济区现代农业科技创新示范基地 5 980 亩、院本部基地（含横岗基地）占地 1 500 亩。

（4）科技成果

2018 年我院科研成果获各类科技奖励 10 项，包括国家科学技术进步奖二等奖 1 项、省部级奖 2 项。其中该院作为第五完成单位、该院陈大洲研究员作为第八完成人完成的成果"我国典型红壤区农田酸化特征及防治关键技术构建与应用"获

成果"芦笋种质资源和育种技术创新及新品种选育"获江西省科技进步一等奖

得了 2018 年度国家科学技术进步奖二等奖；我院作为第一主持单位完成的成果"芦笋种质资源和育种技术创新及新品种选育"获江西省科技进步一等奖、作为第二参加单位完成的成果"重金属超标农田和稀土尾矿地安全利用关键技术及应用"获江西省科学技术进步奖一等奖。

获得授权专利 54 件，其中发明专利 17 件，实用新型专利 32 件，软件著作权 6 件。审定（认定）植物新品种 4 个。制定地方标准 12 项。发表科技论文 171 篇，其中 SCI28 篇。

（5）学科发展

我院已设有作物学、园艺学、畜禽水产学、农业资源与环境学、农业应用微生物、农产品加工、农产品质量安全、农业工程、农业经济与信息九大学科。

（6）对外合作交流

为促进与菲律宾在水稻科技领域的合作，该院与菲律宾科技部成功申报共建联合实验室"中菲水稻技术联合实验室"；该院优质水稻品种外引 7 号与九香黏在非洲加纳的种植情况表现优异，其产量比当地最好的品种增产 15% 以上；该院帮助赤道几内亚选育出适宜当地种植的作物品种和技术并获得大面积试种成功；该院加入中国南南合作网，借助"南南合作"项目这一平台，推动该院乃至江西省农业技术、农业生产资料和机械设备"走出去"。

（7）科技扶贫和科技成果转化推广情况

2018 年，该院共选派省级科技特派团 229 名，位列全省第一，对接服务全省 83 个县市区，141 家企业，与服务企业联合申报科研项目 28 项；举办各类科技培训 61 期，培训龙头企业、农技骨干、种养大户等近 5 000 人。聚焦"三农"发展，上报信息被国务院办公厅《专报信息》采用；创办《农科智库要参》，获省领导批示，为江西农业农村经济发展提供决策咨询。组织开展"三品一标"检测，完成无公害农产品、绿色食品、有机农产品、地理标志农产品及环境等检验工作。

（十六）山东省农业科学院

1. 机构情况

概 述

山东省农业科学院是省政府直属的综合性、公益性省级农业科研单位，是国家农业科技黄淮海创新中心和山东省农业科技创新中心承建单位。目前，拥有 11 个处室、24 个研究试验单位和 18 处有业务关系的分院，并设有 1 处博士后科研工作站。现有在职职工 1 972 人，专业技术高级岗位 749 人，博士 494 人。拥有中国工程院院士 1 人，国家万人计划 2 人，百千万人才工程国家级人选 4 人，农业科研杰出人才及其创新团队 6 人，泰山系列人才工程人选 34 人，省有突出贡献中青年专家 29 人，享受国务院颁发政府特殊津贴 90 人。全院国有资产总值 29.2 亿元，保存种质资源 4 万多份、图书资料 50 万册（卷），拥有 7 个中外文电子文献数据库，编辑发行《山东农业科学》等 7 种科技期刊。自 1978 年全国科学大会以来，全院共取得各级各类科技成果 1 681 项，省部级以上奖励 810 项，其中国家技术发明奖一等奖 1 项，二等奖 6 项，国家科学技术进步奖特等奖 1 项、一等奖 1 项、二等奖 27 项。自 1982 年实行品种审（认）定以来，共有 675 个品种通过了国家或省审（认）定。主要研究领域涵盖山东乃至黄淮海区域农业发展所需的粮经作物、果树、蔬菜、畜禽、蚕桑、资源环境、植物保护、农产品质量安全、农产品精深加工、农业微生物、农业生物技术、信息技术、农业机械等 50 多个学科。建有国家和省部级创新平台 70 个，其中国家及部级创新平台 32 个，省级创新平台 38 个，数量居全国省级农业科学院前列。国际玉米小麦改良中心、国际半干旱热带作物研究所等 10 多个国际组织和 60 多个国家或地区的科研机构、高等院校建立了科技合作关系。与美国、澳大利亚、俄罗斯、乌克兰、印度尼西亚、英国、中国台湾、国际半干旱热带作物研究所、欧盟药敏试验委员会、国际生物应用中心东亚中心建立 11 个联合实验室；与苏丹、埃及、俄罗斯科研机构成立 3 个联合研发中心。2008 年成为科技部国际科技合作基地，建有 11 个山东省引智技术示范推广基地。

2. 科研活动及成效情况

（1）科研项目与经费

2018 年全院共获得各类项目经费 4.15 亿元（含创新工程 6 000 万元），其中国家级项目经费 2.25 亿元，牵头主持国家重点研发计划项目 2 项，主持国家自然科学基金国际（地区）

合作项目 1 项。全院争取省级项目经费 1.14 亿元，主持首批省新旧动能转换重大项目 2 项，主持省自然基金重大基础研究项目 3 项。省重点研发计划（公益类）43 项获立项支持，经费共计 880 万元，争取到省现代农业产业技术体系驴产业创新团队首席专家、疫病控制岗位和济南综合试验站站长 3 个岗位。院创新工程省财政专项资金 2019 年预算增至 1 亿元。

（2）科技成果

2018 年全院共获得各级各类奖励 65 项，其中省部级以上奖励 31 项。万书波研究员荣获何梁何利基金"科学与技术进步奖"。获得国家科学技术进步奖二等奖 1 项（参与）、山东省科技奖 11 项（其中主持获得省科技进步奖一等奖 3 项）、山东省专利奖 3 项。1 人获农业农村部"杰出青年农业科学家"资助，1 人省科协人才托举工程资助。获授权专利 452 项，其中国际发明专利 10 项，国家发明专利 218 项，授权发明专利数量同比增长 29.5%；获软件著作权 460 项；通过认定国家、行业、地方标准 69 项，同比增长 53.3%；通过审（鉴）定品种 42 个（其中国家审定品种 5 个），同比增长 162.5%；通过登记品种 48 个；获得植物新品种权 38 项，同比增长 137.5%；获批国家三类新兽药 1 项。列入 2018 年度全国农业主推技术 3 项、省农业主推技术 18 项。发表论文 1 147 篇，其中 SCI/EI 收录 201 篇，同比增长 46.7%；出版论著 45 部，同比增长 80%。

（3）科研平台建设

2018 年全院新上省部级平台建设项目 10 个，其中，农业基本建设项目 6 个，累计争取中央投资 6 834 万元；省级公共服务平台 2 个，共计获得补助经费 300 万元；省级工程技术研究中心 2 个。在省级重点实验室绩效评估中，1 个重点实验室获得优秀等次，5 个实验室获得良好等次，共计获得补助经费 1 300 万元。

（4）科技推广服务与成果转化

深入实施腾飞行动，紧扣乡村振兴主题，深化与省科技厅、省农业农村厅、省科协的合作，组织举办第五届"科技服务（扶贫）月"和"科技开放周"活动。在 40 多个县区举办新品种新技术观摩培训活动 63 场次；新建公益服务平台 11 处，开放核心基地、研发平台、公益服务平台和试验基地 114 处；推广发布新品种新技术 200 余项次；组织科研人员 1 000 余人次、省内外专家学者 700 余人次参与活动；直接培训指导农技人员、职业农民等近 10 000 人次，服务社会各界人士 40 000 多人次。山东画报正式出版《"给农业插上科技的翅膀"腾飞行动》，在中央电视台、人民日报、农民日报、科技日报等各级各类媒体累计宣传报道 400 余次。

（5）国际合作与交流

举办 2018 年"一带一路"国际农业科技合作高层论坛、国际农业大科学计划山东对接研讨会、韩国京畿道—山东省农业科技共同研讨会等国际会议，签订了 15 项科技合作协议，揭牌成立了"生物防治联合实验室""鲁台四方联合实验室"等 6 个联合实验室，逐步构建起

高起点、高层次、多形式、全方位的对外合作格局。在印尼举办我省第一个境外农业技术培训班"中国玉米花生生产技术培训班暨新品种新技术现场观摩会"，圆满完成了承担的各项援外培训任务。多渠道争取各类合作项目，全年立项经费超过 1000 万元。

（6）重点成果

2018 年山东省科技进步一等奖——花生抗逆高产关键技术创新与应用 明确了逆境胁迫下花生叶片 PS Ⅱ 反应中心受体侧是主要伤害位点，首次揭示了 CaM 途径调控光保护机制。明确了钙离子信号途径和激素调控途径共同调控了荚果的发育，创建了以提高抗逆性、荚果饱满度为核心的钙肥调控关键技术，为提高花生抗逆性及荚果饱满度提供了技术支撑。系统阐明了单粒精播增产机理，创建了以重塑株型、优化群体质量为核心的单粒精播技术。单粒精播技术攻克 750 千克的技术难关，为花生产量的提升和高产纪录突破提供了技术支撑。率先建立了花生抗逆高产栽培技术体系，花生单粒精播技术和花生逆境栽培技术连续多年被列为农业农村部和山东省主推技术，在山东省、河南省等主产区累计推广 1.1 亿亩，增产 309.5 万吨，新增经济效益 147.8 亿元。

2018 年山东省科技进步一等奖——我国主要粮食作物一次性施肥关键技术与应用，针

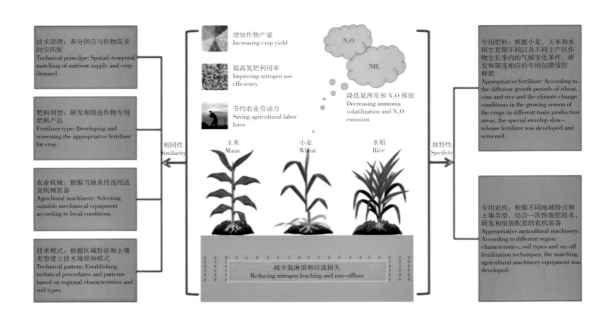

对主要粮食作物施肥量大、次数多、肥料利用率低、农村劳动力短缺等问题，研发出水基树脂包膜缓／控释肥和含腐殖酸及抑制剂型低成本长效肥，设计出与四大区域三大粮食作物养分需求相匹配的系列缓释肥料，发明了一次性施肥配套种植机械系统；建立了一次性施肥关键技术指标体系，系统阐明了一次性施肥对产量、品质和环境的影响，破解了一次性施肥年际间和区域间效果不稳定的难题；构建了 3 类粮食作物、4 个典型区域、五大种植体系的一次性施肥技术模式，并在全国大面积推广应用。在山东、河南、广东、湖北、吉林等典型产区推广 1.37 亿亩，累计经济效益 131.3 亿元。

2018 年山东省科技进步一等奖——广适高产稳产小麦新品种鲁原 502 的选育与应用确立了"两稳两增"（稳定群体、稳定千粒重、增加穗粒数、增强抗倒性）的育种新思路，创新集成了目标突变体创制与杂交选育相结合的育种技术体系。根据创新性育种理论和技术，育成了广适高产稳产小麦新品种鲁原 502，通过国家和四省（自治区）审（认）定，推广区域覆盖鲁、皖、冀、苏、晋、新疆 6 个省（区）。鲁原 502 具有产量潜力高、抗倒伏能力强、适应性广等突出优点，连续多年被列为农业农村部和省级主导品种，实打产量突破 800 千克／亩，年推广面积突破 2 000 万亩。研究制定了"稳群体、增穗重、减氮肥、适节水"的鲁原 502 高产高效栽培技术规程，探索构建了"科研单位＋种业联盟＋农技推广单位＋农业种植合作社"的推广模式。现已累计推广 7 700.5 万亩，增收粮食 38.91 亿千克，新增经济效益 91.83 亿元。

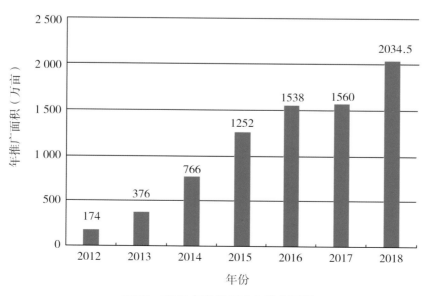

2012—2018 年鲁原 502 年推广面积

（十七）河南省农业科学院

1. 机构发展

河南省农业科学院为河南省政府直属公益一类事业单位。现设小麦研究所、粮食作物研究所、经济作物研究所、烟草研究所（许昌）、园艺研究所、植物营养与资源环境研究所、植物保护研究所、畜牧兽医研究所、农业经济与信息研究所、农业质量标准与检测技术研究所、农副产品加工研究所、芝麻研究中心、动物免疫学重点实验室、作物设计中心 14 个直属科研机构、9 个职能处（室）、1 个农业高新集团、1 个直属事业单位（河南现代农业研究开发基地）和 1 个分院（长垣分院）。现有在编在岗职工 851 人、编外聘用科研助理 300 余人，其中研究员 123 人、副研究员 254 人，博士 304 人、硕士 182 人。

2. 科研活动及成效

（1）科学研究课题

2018 年，主持国家重点研发计划项目 1 项，国家自然科学基金 8 项，省级科技计划项目 84 项；新增省现代农业产业技术体系岗位专家 1 名，试验站站长 1 名；全年到账科研经费 1.78 亿元。

（2）重要研究进展

2018 年，全院共通过省级以上审定品种 13 个，其中国家审定 5 个；获得植物新品种权 14 件，申请植物新品种权 15 件；授权专利 49 件，其中发明专利 28 件、实用新型 21 件；申请专利 94 件，其中，发明专利 53 件、实用新型 41 件；发表论文 300 余篇，其中 SCI 论文 70 余篇。在重要科研进展方面，从 104 份小麦种质资源中筛选获得高抗白粉病和条锈病材料 13 份；对全国 3 003 份种质资源进行了精准鉴定，初步筛选出综合农艺性状优异的材料 150 份；完成了 640 份河南省小麦种质资源数据库部分数据的补充更新，初步建立了河南省小麦核心种质数据管理平台；揭示黄淮海区域产量、品质与效率的品种—环境—栽培措施间的互作关系与协调途径，确立高产优质高效配套的技术体系、集成区域技术体系。建成了花生高通量 SNP 分子标记检测平台。国际上首次实现花生 A 基因组供体野生种 *A. duranensis* 全部染色体序列图序列号与实际核型染色体的对应。利用亲本之间存在差异的 129 对 KASP 引物，对高油酸分子辅助育种技术进行优化，后代检测位点纯合率 98% 以上，轮回亲本遗传背景恢复率平均达到 87.95%~91.91%。收集芝麻种质资源 162 份，筛选出一批高油、高蛋白、高木酚素、高抗枯萎病、高感枯萎病种质材料；选育出具有节短有限、多花等特色新品系 2 个，适于苏丹种植的芝麻新品系 2 个；挖掘出与芝麻粒色、油分含量相关位点 415 个，获得产量相关 SNP 5 个、SSR 标记 28 个。动物疫病快速检测技术研究方面，建立了高通量多联试纸检测方法，以及用于新型标记试纸的微球—胶体金复合标记技术和 CRISPR/Cas13a 新型核酸检测技术平台，比原有胶体金体系敏感 2~8 倍；猪繁殖与呼吸综合征病毒（PRRSV）免疫识别机制方面，首次发现了具有特征性的 PRRSV 基因组识别序列，强烈诱导 IFN 及下游干扰素诱导基因的表达，显著抑制 PRRSV 复制。

（3）科研条件

新增省部级科研创新平台 9 个，其中农业农村部品种测试站 1 个，综合性试验基地 1 个，河南省重点实验室 1 个，河南省工程研究中心 2 个，河南省工程技术研究中心 4 个。中央引导地方科技发展专项获批立项 3 项，省科技基础条件专项资金项目获批立项 9 项，到账科研条件平台类项目经费 7 437 万元。

（4）科技成果

获得国家科学技术进步奖二等奖 1 项；河南省科学技术进步奖 11 项，其中一等奖 1 项，二等奖 9 项，三等奖 1 项。

（5）学科发展

2018 年，由河南省人民政府主导，省农业科学院、省农业综合开发公司、新乡市创新投资有限公司、新乡市发投股权投资有限公司共同出资成立了河南生物育种中心有限公司。9 月，国家发改委批复，同意由河南省农业科学院牵头，依托河南生物育种中心有限公司，组建国家生物育种产业创新中心。按照"站位全局、面向全国、服务全球"的总思路，聚焦国家需求，统筹整合力量，通过制度创新与技术创新双轮驱动，使中心发展成为全球生物育种创新引领型新高地、我国农业科技体制机制创新的"试验田"和具备国际竞争力的种业"航母"集群。

（6）对外合作交流

落实国家"一带一路"倡议及"农业走出去"战略，与河南贵友集团在吉尔吉斯坦合资成立了秋乐亚洲之星农业综合开发公司，开展了院玉米、小麦、棉花品种筛选试验；组织专家赴乌兹别克斯坦开展了中国政府援乌全产业链农业园项目可行性调研工作；在苏丹建立了国际芝麻科研生产基地，并取得显著成效，示范区芝麻单产较当地提高了 1 倍，向日葵生产效益提高 20% 以上。

（7）科技扶贫和科技成果转化推广

为加速科技成果转化应用，我院深入实施"现代农业科技示范精品工程"和"四优四化"科技支撑行动计划，扎实推进嵩县产业对口帮扶工作，继续深入开展科技扶贫和驻村帮扶工作，进一步提升了科技服务三农能力。在全省 72 个县（市、区）创建各具特色的农业科技示范基地 185 个，科技服务新型农业经营主体 272 家，重点推广新品种 78 个、新技术 90 项、新产品 43 个，农作物示范面积累计超过 30 万亩，创建了不同产业科技成果的推广模式；召开各类培训会 400 多场，培训新型农业经营主体技术骨干和农民 4.6 万人，加快了科技成果转化步伐，推动了新型农业经营主体的健康发展；召开各类现场观摩会 180 余场，媒体报道 100 多次。为河南现代农业发展、农业供给侧结构性改革和脱贫攻坚提供了有力科技引领与支撑，产生了良好的社会经济生态效益。

进一步加强科技扶贫，提升贫困地区产业发展能力。结合省"四优四化"科技支撑行动计划和"现代农业科技示范精品工程"实施，在正阳、泌阳等 20 余个贫困县开展了科技扶贫工作，指导创建科技示范基地 53 个，推广新品种 32 个、先进适用配套技术 40 余项，大力提升了农业绿色发展和标准化生产水平，推动农业产业提质增效和农民增收。围绕贫困地区发展需求，巩固培育了宁陵酥梨加工、新县高效养鸡等科技增收和带贫典型 8 个，兰考和西华设施瓜菜等现代农业示范样板 12 个，在贫困地区传播了现代农业生产理念。

（十八）湖北省农业科学院

1. 机构发展情况

湖北省农业科学院始建于 1978 年，是省政府直属的综合性农业科研事业单位。最早源于 20 世纪初叶，湖广总督张之洞开创的南湖农业试验场，1950 年更名中南农业科学研究所，是国家建立的 6 个大区性农业科研机构之一，1978 年 1 月更为现名。全院设有粮食作物、经济作物、植保土肥、畜牧兽医、果树茶叶、农产品加工与核农技术、农业质量标准与检测、生物农药、中药材和农业经济 10 个研究所（中心），8 个处室，南湖、蚕桑等 5 个试验站。

全院现有职工总数 4 695 人，事业编制人员 2 813 人，农工 1 882 人。事业编制人员中，在编在职 1 231 人，离退休 1 582 人。有高级职称科研人员 375 人，博士 157 人；专技二级岗 14 人，国家级突出贡献中青年专家 10 人，享受国务院特殊津贴专家 76 人，省突出贡献中青年专家 40 人，省政府特殊津贴专家 23 人；国家百千万人才 2 名，万人计划领军人才 2 名，新世纪高层次人才第一层次 4 人、第二层次 16 人。在国家现代产业技术体系中，我院有 28 位专家成为岗位科学家和试验站长，全院现有版图面积 2 万亩，分布在洪山 0.36 万亩、江夏 1.2 万亩、鄂州 0.32 万亩和恩施 0.2 万亩 4 个地方。

2. 科研活动及成效

（1）科研项目迈上新台阶

新上科研项目 395 项，在研科技项目达到 800 项，特别是在国家重点研发、国家自然科学基金、国家转基因专项、重大平台、省重点专项等领域获得立项，彰显核心竞争力的提升。落实科研计划经费 2.83 亿元，比去年增长 15.5%。国家科技计划管理改革以来，我院首次主持国家重点研发计划项目"湖北单双季稻混作区周年机械化丰产增效技术集成与示范"，项目经费 2 919 万元。获得省科技厅技术创新重大专项经费 3 336 万元。首次获得 2 个省自然科学杰出青年基金项目。

（2）科研产出取得新突破

获各类科技成果 161 项。获科技进步奖励 24 项，其中，国家技术发明奖二等奖 1 项；省科技进步一等奖 4 项、成果推广一等奖 1 项，是建院以来获得省科技奖励一等奖数量最多的一年。鄂麦 398 等 27 个农作物新品种通过国家或省级审（认）定或登记，15 项成果获得第三方评价，达到国际先进或国内领先水平。登记2个生物农药产品。33项地方标准颁布实施。获得国家授权专利（含欧洲专利1项）、软件著作权及新品种权保护70项。发表论文510篇，其中SCI、EI收录论文62篇。

（3）对外合作交流呈现新活力

2018年，省农科院主办第二届MycoKey国际真菌毒素大会，吸引了17个国家的专家参会。主动对接国家"一带一路"倡议，省农科院成为全国农业科技"走出去"联盟副理事长单位。全年共有54批112人次赴25个国家（地区）科技交流，接待荷兰、布基纳法索等外国专家学者来访51批112人次，农业科技国际交流与合作力度不断增强。

（4）平台立项和建设双获丰收

2个试运行的农业农村部重点实验室项目建设工作顺利通过考核评估并获2428万元经费资助。首次获得省发改委4个工程研究中心，新增1个湖北省重点实验室，1个农业转基因生物试验基地；"湖北省经济作物科技自然资源库"等5个共享平台获得立项，1个科学观测实验站获准建设。"农作物重大病虫草害防控湖北省重点实验室""湖北省农业种质资源共享平台"绩效评价优秀。诺沃孵化器进驻原科技交流站办公。

（5）基地建设进展迅速

鄂州基地建成主干道和桥、涵等公共基础设施，以及仓库、挂藏室、晒场等科研配套设施主体工程。科研实验楼及各项田间工程按进度建设。圆满完成农业农村部武汉黄棕壤生态环境观测站长期定位试验基地整体搬迁。国家生物农药工程技术研究中心多功能中试及验证平台、国家果树种质武昌砂梨圃改扩建、国家柑橘原种保存及扩繁基地等建设基本完成，华中药用植物园种质资源保护得到加强。

（6）科技助力乡村振兴战略实施初见成效

在省级农业科研机构中率先成立湖北省乡村振兴研究院。编制2个规划获准发布。面向全省征集开放课题8个，1项成果被省政府《政务要情》刊载。编辑出版《乡村振兴之路》和《2018开启新时代乡村振兴新征程》。实施乡村振兴战略科技及人才支撑方案。汇聚农业产业130名专家，建成乡村振兴咨询专家库。院党委书记刘晓洪受邀参加湖北日报全媒体和湖北广电专题访谈。12月，我院作为全国6个典型代表之一在农业农村部乡村振兴科技支撑行动工作部署会上交流发言。

（7）成果转移转化步伐加快

推进科技与经济深度对接，提高科技成果转化在院属单位年度绩效考核中的比重。与先正达等200余家企业进行合作，签订成果转让合同56项，技术服务协议194项；成果转化、技术服务签约金额5860万元，到账3783万元，为历年之最。水稻新品种泰优2806

在首届湖北省重大科技成果与技术需求交易会上以 120 万元竞拍成交；草莓品种及栽培技术成果转化收入 117 万元。承办武汉种业博览会 2018 种业高峰论坛，湘鄂赣皖四省专家及企业代表共商种业发展大计。

（8）院市（州）、院县合作不断深化

与咸宁市、天门市、通城县、大悟县签订院地合作共建协议。在天门市设立专家大院，开展"聚力脱贫攻坚 人大代表在行动"系列活动，助力半夏、特色蔬菜生态产业发展。在枝江现代农业科技综合示范区建成节水抗旱稻、蔬菜病虫害防控、柑橘无病毒苗木繁育示范基地。组织 20 名中药材专家结对帮扶通城县 28 个专业合作社，助推通城县幕阜山绿色产业发展先行区建设。农业面源污染治理"兴山模式"得到农业农村部肯定。

（9）农业科技服务活动丰富多彩

组织开展"科技闹春耕"、"科技活动周"、"国家扶贫日"、首个农民"丰收节"、科技文化卫生"三下乡"等科技服务活动。开展防汛抗旱、防寒抗雪等科技服务，积极参加非洲猪瘟疫病防控。一年来，在各地举办培训班 256 期，推广新品种、新技术 201 项，示范和科技服务面积 5 300 万亩。

（10）创新中心和创新联盟建设不断完善

加强资源整合，将创新中心团队按照"首席 + 科研骨干 + 研究助理"的构架整合至 38 个，覆盖了各个学科。吸纳 45 家单位加入湖北省农业科技创新联盟，目前联盟成员单位达到 194 家，创新联盟队伍进一步壮大，企业、专业合作社占联盟理事单位的 76%，进一步强化了以企业为主体、市场为导向、产学研深度融合的技术创新体系定位。举办湘鄂赣农业科技创新联盟第二届农业科研杰出青年论坛。院长焦春海在国家农业科技创新联盟推进会上作典型发言。

（十九）湖南省农业科学院

湖南省农业科学院始创于 1901 年（光绪二十七年），1964 年正式成立湖南省农业科学院，是省政府直管的正厅级公益一类农业科研事业单位，位于长沙市芙蓉区东湖远大二路 892 号。

全院现设置有院属科研单位 15 个、科研辅助机构 2 个、内设处室 12 个、直属机构 1 个。现有在职人员 1 455 人，其中中国工程院院士 2 人，高级职称 412 人（正高职称 137 人），硕士以上学历 504 人（其中博士 150 人）。拥有国家有突出贡献专家 4 人，新世纪"百千万工程国家级人才"10 人、国家"万人计划"人才 5 人，国家"中青年科技领军人才"1 人，享受国务院特殊津贴专家 77 人。科技部国家创新人才首批重点领域创新团队 3 个，农业农村部"300 个农业科研杰出人才及其创新团队"中的 7 个。建有国家水稻工程实验室等国家、省（部）级科技创新平台 75 个，博士后流动工作站 1 个，院士工作站 3 个。

2018 年，全院承担省级以上科研项目（课题）492 项，到位院外科研经费 3.653 亿元。参与获得国家科学技术进步奖二等奖 2 项，主持获得省科技奖励 11 项（2 项省科技一等奖，5 项二等奖，3 项三等奖）。此外，还获得第十届大北农科技奖植物营养奖 1 项，中国茶叶学会科学技术奖二等奖 1 项，中国草学会科学技术奖三等奖 1 项，中国园艺学会华耐园艺奖 1 项。2 个水稻品种荣获首届全国优质稻品种食味品质鉴评十大金奖。新增国标一等米质稻谷新品种米 2 个。申报登记了我国第一个具有自主知识产权的萝卜细胞质不育甘蓝型油菜杂交品种 C496。审定和登记新品种 71 个，颁布标准和技术规程 28 项。获得植物新品种授权 7 个，获得授权发明专利 43 项，计算机软件著作权 8 项。SCI 收录论文 47 篇，最高影响因子达到 7.43。

杂交水稻技术继续保持世界领先

"第三代杂交水稻优良不育系选育与利用"获得了稳定的粳稻和籼稻不育系，获得目前最理想的杂种优势利用方式。超级杂交稻高产攻关再创世界新纪录，百亩示范片亩产达到 1 152.3 千克。耐盐碱水稻研究、"三分地养活一个人"粮食高产绿色优质科技创新工程都取得重要进展。

创新研究取得重大进展

"柑橘副产物综合利用关键技术研究与产业化"成果应用企业己生产高品质柑橘果胶、

香精油、类黄酮和辛弗林等系列高值化产品，打破了国外的技术封锁和市场垄断，而且出口欧美日等国家和地区。辣椒创新团队泛基因组研究构建了第一个辣椒的泛基因组。镉低积累水稻品种选育基因编辑多点生态试验通过验收，为从根本上解决我国局部地区的稻米镉超标难题奠定基础。三系杂交稻"泰优农 39"填补了杂交稻没有国标一等米的空白。农作物种质资源普查与收集行动取得阶段性重要成果，共收集资源 5 183 份，初步完成了 4 603 份成活资源繁殖、鉴定。

科研平台加快建设

认定了"全国农产品质量安全科普示范基地""全国名特优新农产品营养品质评价鉴定机构""食品企业质量安全检测技术示范中心"等一批科研创新平台，"湖南省果蔬加工与质量安全国际科技创新合作基地"入选首批省级国际科技创新合作基地。建设了"果蔬贮藏加工与质量安全湖南省重点实验室""农业部长江中下游籼稻遗传育种重点实验室"等 6 家省部级平台。建成一批农业农村部观测试验站和省重点实验室、工程技术中心。国家超级杂交水稻三亚南繁核心研发基地建设进展顺利，今年可以正式投入使用。

新增了一批高层次创新人才

袁隆平院士被授予 100 名为改革开放作出杰出贡献的人员，获得"改革先锋"称号，并荣获 2018 年未来科学大奖。邹学校院士被授予全国"最美科技工作者"称号。1 人当选国家标准委员会全国果品标准化技术委员会贮藏加工分技术委员会主任。2 人入选"2018 年湖南省 121 创新人才工程第一层次人选"。7 名同志获二级研究员资格，8 名同志被评为研究员。

科技成果转化和科技扶贫成效显著

全年派出科技服务专家 499 人，累计派出的专家近 3 000 人次，推广新技术、新品种 200 多项，举办新技术培训 551 场，培训职业农民和新型农业经营者达 4.3 万多人。与全省 20 多市、县、60 多家农业龙头企业、100 多家农业合作社建立了长期科技合作关系。服务新型农业经营主体（企业）928 家，发放技术资料 15.8 万份；实施科技合作项目 63 个，共建科技合作平台 38 个。

邹学校院士（右一）指导辣椒种植

以科技助力精准扶贫，全年派出 10 名挂职科技副县长，32 个科技脱贫攻坚专家服务团，在全省 63 个县（市、区）开展科技推广和科技脱贫攻坚服务工作，支撑和扶持了 280 多家农业龙头企业和 4 184 个农业专业合作社的发展，培训农业科技骨干 27 万多人，辐射农业专业化生产基地 1 000 多万亩。支撑一批农业品牌获国家地理标志登记、有机产品和绿色食品基地认证。院对口扶贫村实现整体脱贫。

农业科技"走出去"迈出新步伐

积极贯彻落实国家"一带一路"战略，与老挝国家农林科学院等合作建立了农业研究和生产研究基地。认真落实国家援非政策，围绕解决几内亚比绍总统向国家主席习近平求助的粮食自给问题，开展实地调研。承办了 1 期国家任务的杂交水稻技术国际培训班，培训了 18 位外国农业专家。

（二十）广东省农业科学院

1. 机构发展情况

广东省农业科学院是广东省人民政府直属正厅级事业单位，成立于 1960 年。现设水稻、果树、蔬菜、作物、植物保护、动物科学、蚕业与农产品加工、农业资源与环境、动物卫生、农业经济与农村发展、茶叶、环境园艺 12 个研究所和农业科研试验示范场、农产品公共监测中心和农业生物基因研究中心共 15 个科研机构。

2. 科技人才

全院在职职工 1 835 人，在编 1 048 人，其中专业技术人员 767 人，高级职称专家 479 人，博士 391 人，享受国务院政府特殊津贴在职专家 24 人，国家"百千万"人才工程专家 3 人，全国杰出专业技术人才 1 人，国家"万人计划" 3 人，国家创新人才推进计划 3 人，农业科研杰出人才及创新团队 5 个，广东特支计划杰出人才 2 人，广东特支计划科技创新领军人才 1 人，广东特支计划科技创新青年拔尖人才 7 人；国家现代农业产业技术体系岗位科学家 17 人，综合试验站站长 7 人；广东省产业技术体系创新团队首席和岗位专家 53 人。

3. 科研项目与经费

全院科技项目立项 1 016 项、同比增长 79.82%，立项经费 3.895 8 亿元、同比增长 15.26%，其中国家级项目 165 项、经费 8 306 万元，省级项目 261 项、经费 18 653 万元，横向科研项目 440 项、经费 3 838 万元。主持国家重点研发计划项目 1 项、国家自然科学基金立项 42 项、省现代种业重大科技专项项目 7 项、国际科技合作项目 24 项。

4. 重要科研进展

优质、高产、抗逆与广适性高度统一的优质稻品种"黄华占"，在 9 个省的区试中，比杂交稻对照平均增产 5.41%，比常规稻对照平均增产 12.99%，品质达国标优质一级，是我国首个早稻、双季晚稻、一季晚稻、中稻兼用型优质稻品种。全国推广面积累计超过 1.2 亿亩。以"黄华占"为核心种质的水稻育种体系，高效育成优质常规稻新品种 33 个、杂交稻组合 14 个，33 次通过国家和省级审定。

水稻稻瘟病广谱抗性资源研究，建立了一套基因型清楚、分辨力强、冗余性低的稻瘟

"广适型优质稻品种黄华占的选育及其应用"：农业农村部科技发展中心组织以陈温福院士为组长，刘耀光院士、任光俊研究员为副组长的专家组进行成果评价，该成果整体上达到同类研究国际领先水平

病无毒基因型致病小种鉴别系，明确了主要的病原小种靶标；鉴定出 2 个新型广谱抗性基因 Pi50 和 $Pita$3，成功克隆了 Pi50 并阐明其免疫响应特征；筛选鉴定一批抗源及抗性基因被广泛应用到品种选育中，在水稻节支增收上取得了显著成效。

亚热带特色果蔬活性物质的分离鉴定、健康效应分子机制及功能性食品精深加工关键技术等创新性研究，首次从荔枝中鉴定出 A 型原花青素三聚体和懈皮素 -3- 芸香糖 -7- 鼠李糖苦等酚类化合物，发现并确证了荔枝龙眼多糖免疫调节的主活性级分，且表征其精细结构；构建主要活性成分谱数据库，筛选出 9 个高活性专用品种；确证了荔枝果肉多保护酒精性肝损伤作用并揭示其作用分子机制。

食药用桑、蚕资源挖掘与高值化开发研究，阐明了桑资源抗流感病毒、降血糖和抗炎的作用机制；发明了蚕蛹生物除臭脱敏技术，有效解决了原料异味和蛋白致敏问题；发明了蚕蛹功能肤生物酶法高效制备技术，研制出蚕蝠味肤等系列新产品；研发出超临界 CO_2 萃取 - 生物酶法精合的蚕蛹油绿色加工技术，创制了蚕蛹油保健食品。

《仔猪、生长育肥猪配合饲料》《蛋鸡、肉鸡配合饲料》两项饲料团体标准公开发布，指标数量和限值均高于现行 2008 年的国家标准，重新划分动物生长阶段，增加了我国特色养殖品种黄羽肉鸡的指标。突破乌龙茶做青连续化、自动化颈瓶，以广东单丛茶为对象，研发出具有完全知识产权的国内首套"乌龙茶全自动连续化做青装备"。编制完成《广东省乡村振兴战略规划（2018—2022 年)》。

5. 科研条件

建有占地 2 000 亩的现代农业科技园区——广东广州国家农业科技园区；持续建设畜禽育种国家重点实验室、热带亚热带果蔬加工技术国家地方联合工程研究中心、2 个国家农业科学实验站、7 个农业农村部重点实验室、5 个科学观测站、11 个省重点实验室和 21 个省工程技术研究中心等各类平台；建有野生稻、甘薯、荔枝、香蕉、桑树、黄皮等国家级种质资源圃和 9 个省市共建资源圃库，收集保存国内外种质资源近 5 万份，2018 年组织承担广东省农作物种质资源库（圃）建设，进一步完善种质资源收集、保存和鉴评应用条件。

6. 科技成果

科技产出稳中有升。获得各级科技成果奖励 56 项，其中 "一种利于肠道修复的营养膳及其制备方法" 获中国专利银奖，"岭南大宗水果综合加工关键技术及产业化应用" 和 "大花蕙兰和兜兰新品种创制及产业化关键技术" 2 项成果获广东省科学技术一等奖，省农业技术推广奖一等奖 6 项。获得通过审定、登记及鉴定品种 144 个；获植物新品种权授权 28 个；有 53 个品种、30 项技术入选 2018 年广东省农业主导品种和主推技术，分别占全省农业主导品种的 67.9%、主推技术的 71.4%。获授权专利 106 件，其中发明专利 73 件；获计算机软件著作权 65 件；获国家级新产品 2 个，其

"一种利于肠道修复的营养膳及其制备方法" 获中国专利银奖

中 "副猪嗜血杆菌三价灭活苗" 获三类新兽药证书；制修订标准 18 项。公开发表科技论文 879 篇，其中 SCI 收录论文 204 篇（第一完成单位发表 91 篇），出版著作 29 部。

7. 学科发展

以团队建设带动学科发展，持续建设 5 个攀峰、8 个优势、12 个特色和 10 个培育学科团队，完成这 35 个学科团队建设中期评估；紧密围绕我省推进乡村振兴战略的实际需求，拓展研究领域，组建 "农业废弃物无害化处理与资源化利用" "农产品质量无损检测" "岭南特色水果采后保鲜" "设施农业技术" "华南特色生鲜农产品绿色保鲜与物流" "创意农业" "新农村研究" 7 个新兴科研团队。

8. 国际科技合作

深化与 "一带一路" 沿线国家农业科技合作，签署合作协议 45 份，同比增长 165%；深入推进广东—南太平洋岛国农业科技合作，为巴布亚新几内亚和斐济提供 26 场农业实用技术专题培训，并派 2 名专家赴巴新开展实地技术指导；助力粤港澳大湾区建设，与香港、澳门的高校在动物疾病防控、营养安全和食品科学等方面开展合作，联合筹建农业与食品联合研究中心。成功承办联合国粮食及农业组织（FAO）资助的 "香蕉枯萎病菌分子检测培训班"，获得 FAO 的高度肯定。不断拓展国际科技交流 "朋友圈"，易干军副院长再次被推选为国际热带水果网络组织（TFNet）理事会副主席。

易干军研究员再次被推选为国际热带水果网络组织（TFNet）理事会副主席

9. 科技成果转化

着力打造农业科技孵化器，深化与企业的科技对接。与农业企业签订合作协议 129 项，与企业共同申请承担项目 42 项、共建研发机构 21 个、共建示范基地 62 个；签订科技成果转让合同 132 项、技术入股合同 5 项。广东金颖农业科技孵化有限公司获评为"国家级星创天地"，吸引 80 余家农业科技企业入驻。广东省农业科技成果项目库成为我省农业领域科技成果展示、宣传、服务的权威窗口，入库农业科技成果 2 246 项、技术需求 1 096 项、研发项目 751 项、知识产权 301 项、农业标准 47 项、植物品种 1 621 项。

10. 服务"三农"

2018 年我院新成立清远分院、汕尾分院、潮州现代农业促进中心。截至 2018 年底，与地市政府共建了 8 个地方分院、4 个现代农业促进中心，形成以地方分院为支点、企业为载体、专家服务团为纽带、现代农业产业园为抓手的院地企联动的科技支撑体系。组建全产业链专家服务团队，实行"一园一团一策"对接模式，以科技支撑优势特色产业发展；服务省级现代农业产业园建设，为 48 个县编制了产业园规划，签订科技合作框架协议 80 份。助推地方发展连线连片乡村旅游。精准扶贫成效显著，对口帮扶雷州市洪排村，重点推动科技发展产业经济，全村 64 户贫困户 228 人全部实现脱贫。

（二十一）广西壮族自治区农业科学院

1. 机构发展情况

广西壮族自治区农业科学院创建于 1935 年，是自治区人民政府直属正厅级事业单位，主要从事以种植业为主的应用及应用基础研究，重点是粮、糖、果、菜、油、麻、食用菌、花卉等作物优良品种的选育及栽培，以及植保、营养、农业资源与环境、农产品加工与质量安全、农业信息与经济等技术研究。2018 年，经广西壮族自治区党委编办批复，广西壮族自治区亚热带作物研究所和广西南亚热带农业科学研究所从广西壮族自治区农垦局划归我院管理，拓展了我院热带和亚热带作物的研究领域，进一步完善了科研布局和发展需求。全院现设有 20 个直属研究所 133 个创新团队，与地市人民政府共建有 12 个分院、与广西壮族自治区农业农村厅共建有 60 个试验站。

2. 科研活动及成效情况

（1）科学研究课题数量及成果产出

新增科研项目 580 项，新增科研经费 1.48 亿元，其中国家级项目 25 项、省部级项目 178 项。科技成果登记 134 项，获各级科技成果奖励 54 项次，其中广西科学技术奖科技进步奖一等奖 1 项、二等奖 4 项、三等奖 9 项，获 2018 年度产学研合作创新与促进奖二等奖 2 项、三等奖 3 项，获 2018 年广西重要技术标准奖 2 项，获第八届广西发明创造成果交易会金奖 2 项、银奖 6 项。申请国家专利 348 项（发明专利 221 项、实用新型专利 127 项），获国家专利授权 179 项，其中发明专利授权 64 项，实用新型专利授权 115 项。申请并授权植物新品种权 19 件。

（2）重要研究进展

作物育种方面：选育出一批支撑产业振兴的新品种。共选育出桂硒红占、龙丰优 9115、龙丰优 169、桂育 11 号、桂红糯 1 号、桂甜糯 527、桂糯 529、桂春 7 号、桂夏豆 109 等 19 个水稻、玉米和大豆新品种，并通过主要农作物品种审定，其中桂春 7 号、桂夏豆 109 大豆新品种通过国家品种审定；水稻新品种桂育 11 号、龙丰优 9115 均达《食用稻品种品质标准》优质一等，桂硒红占是广西首个多功能保健型大米新品种。选育的玉米新品种均达国标二级或高抗纹枯病、锈病等玉米主要病害，大豆新品种桂春 18 号籽粒粗蛋白质含量 44.4%，粗脂肪含量 18.99%，是粮食兼用型大豆新品种。

种质资源收集保存与鉴定方面：多渠道收集优异农作物种质资源 8 056 份，实现收集区域、作物类别、生态类型 3 个"全覆盖"。累计鉴定评价种质资源 3 211 份，鉴定评价出优异种质资源 902 份。首次发现野生荞麦在广西的分布，对荞麦的分布及起源、分类研究具有重大的指导意义。首次在广西发现花卉植物新分布种——莲座叶斑叶兰，对未来我区兰科类植物研究具有重要意义。

制约区域产业发展关键技术攻关方面：甘蔗健康种苗繁育技术得到新的提升，试管苗的抗逆性及存活能力得到提高，种苗平均存活率可达 93.4%；研发的 1FSGL-160 粉垄机通过广西省级技术鉴定和推广鉴定，有效解决旱地雨养甘蔗的粉垄耕作机具与农艺协调应用问题，实现亩产原料蔗突破 10 吨、宿根甘蔗亩产原料蔗达 8.87 吨；总结出 4 套甘蔗生产机械化模式，建立标准化、规模化甘蔗生产服务组织 2 个，在我区主产蔗区"双高"基地建立农机农艺融合规模化生产示范基地 11 个，示范基地面积达到 22 180 亩，完成农机农艺融合技术辐射面积 20 万亩。

开发百香果、杧果、荔枝、红柚等浓缩浆等新产品 55 个，配套加工技术 55 套，建设生产线 14 条、中试生产线 2 条，开发移动式车载果蔬气调库等设备 3 套，制定 / 获批地方标准 16 个，制定企业标准 19 项，修订企业标准 4 项，授权专利 16 件。绘制了广西富硒土壤资源分布雏形图，指导新建了一批特色富硒农业标准化生产示范基地。指导生产的富硒西山红绿茶、富硒红黑米、富硒辣木等系列富硒农产品在 2018 年第五届硒博会名优硒产品评选中脱颖而出，荣揽了 8 个中国名优（特色）硒产品荣誉称号。

首次完成杧果"果实瘿蚊"种类鉴定，开展"果实瘿蚊"生物学特性研究，初步明确其个体发育过程、各虫态历期、产卵部位、化蛹场所等，明确其种群分布情况，为制定防控措施提供参考。制定杧果"果实瘿蚊"全程综合防控技术措施，建立综合防控示范基地 2 个，面积 500 亩，田间防控效果 85% 以上，有效地控制了果实瘿蚊的传播为害。

"甘蔗高效节本栽培技术""葡萄一年两收栽培技术"入选农业农村部 2018 年农业主推技术；"茉莉花提质增效技术"入选 2018 年度广西可持续发展先进技术目录。

（3）科研条件

新增国家作物种质资源武鸣科学观测实验站、国家杧果保鲜加工技术研发中心、广西柑橘黄龙病防控工程技术研究中心、全国名特优新农产品营养品质评价鉴定机构和全国农产品质量安全科普基地；新增共建平台广西超高油蛋白玉米加工工程技术研究中心，为科企联合共建。拥有 7 个国家级作物改良分中心与工程技术研究中心，4 个农业农村部重点实验室与质检中心，21 个国家与部门原种基地、资源圃及野外科学观测站，11 个自治区级重点实验室、工程技术研究中心，16 个自治区级作物良种培育中心，1 个技术转移中心和 1 个博士后工作站。全院占地面积 1 390 余公顷，建有院本部、里建、明阳、隆安、海南、热作所、南亚所 7 个长期固定的科研试验基地，综合实验大楼建筑总面积 2.6 万米²，拥有国际先进水平的成套科研仪器设备。

（4）学科发展

重新确定并重点支持 133 个学科团队，资助经费总额 1 435 万元，重点鼓励科技人员开展学科优势明显、发展潜力大、能保持

自治区党委书记鹿心社视察加工学科重点实验室

或提升广西农业科学院持续发展能力的储备性研究和基础应用研究，以及鼓励青年科技人员开展创新性研究。召开全院人才工作会议，部署学科学术人才队伍建设，面向海内外招聘、引进学科带头人 3 人，启动实施人才队伍和学科团队建设"五个一"行动计划，分"院士后备人选""领军人才""学科学术带头人""青年拔尖人才" 4 个层次加强学科人才培育。

（5）对外合作交流

围绕国家"一带一路"对外合作建设，面向东盟积极拓展对外合作交流广度深度。成立了中国（广西）—东盟农业科技创新中心，牵头组建了中国—东盟农业科技创新联盟，已有 14 个国（境）外单位、33 个国内单位加入。中心和联盟的创建，进一步扩大了国内国际农业科技创新网络，积极推动中国与东盟各国的农业合作进入新阶段。与柬埔寨、泰国、缅甸、老挝、越南等国农业主管部门建立了多层次沟通合作机制，与东盟国家农业院校签署合作备忘录（协议）4 份。主办筹办第二届中国（广西）—东盟农业科技交流合作研讨会和第六届桂台农业发展与技术交流研讨会，总参会人数达 700 多人，会议规模和影响力再度扩大。学术交流互动频繁，全年派出 40 批 145 人（次）到东盟国家及法国、美国、日本等 19个国家和地区开展短期学术交流、科研合作研究等，接待 20 个国家和地区的专家 26 批 230人（次），邀请外国专家做学术报告 50 多场，接受 3 个东盟杰出青年科学家来华入桂工作，现有 3 名印度籍博士在我院博士科研工作站工作。"中越边境地区农业科技走廊"项目的实施，建成了 3 个示范基地。重点开展玉米、水稻、西甜瓜、葡萄、蔬菜引种筛选、展示、示范推广及病虫害防治布点试验，通过越方举办的现场观摩会，对我院试验示范的葡萄、西甜瓜新品种新技术进行重点推介。中缅农业科技示范基地、中老土壤肥料检测联合实验室、中越作物病虫害综合防控联合实验室等建设实施取得良好成效。

（6）科技扶贫

进一步加大人才、技术、项目对产业扶贫的支持力度，优先支持扶贫项目落地，优先匹

中越边境地区农业科技走廊示范基地揭牌

配优秀人才对接贫困村，全院共选派 181 名科技特派员深入贫困村指导扶贫产业基地建设。在 54 个重点贫困县（市）实施项目 183 个，项目资金 853 万元，贫困村科技特派员项目 181 个，项目经费 362 万元；建立 320 个产业扶贫示范基地，示范面积 71 万亩。引进、示范、推广作物新品种、新技术 505 项，涵盖粮油、蔬菜、特色水果、桑蚕、食用菌、中草药、生态养殖等特色产业。2018 年全院系统开展科技培训指导超过 8 万人次，同时深入开展"支部联村企、科研旺产业"主题实践活动，与 30 多家龙头企业深入开展科企合作。在定点帮扶的广西玉林市兴业县两镇六村，结对帮扶贫困户 309 户。依托科技优势，帮助 6 个贫困村发展特色产业，示范面积 4 385 亩。

（7）科技成果转化推广情况

年内，服务全区 94 个农业（核心）示范区，建立新品种新技术示范基地 295 个，共推广粮食、果树、蔬菜、经济作物等优良品种、先进技术 210 个（项），其中，新品种推广面积达 1 648.40 万亩，新技术覆盖面积达 321.27 万亩，培训农民 6.2 万人次。遴选 100 项科技成果，在全区、全国及东盟进行推广应用。通过科企合作，"桂单"系列

贫困村灵芝高产栽培技术现场培训

等玉米新品种种子销售继续领跑本土品种市场，"桂蕉 1 号"成为广西乃至全国最大的新植香蕉品种。科技成果转化 19 项，收益 1 144.4 万元。

（二十二）海南省农业科学院

1．机构发展情况

基本情况

海南省农业科学院系海南省人民政府的直属事业单位。内设 9 个管理部门：机关党委、机关纪委、院办公室、科研管理处、组织人事处、计划财务与审计处、科技服务处、工会、团委；下设 10 个直属科研事业单位：畜牧兽医研究所、热带果树研究所、农业环境与土壤研究所、蔬菜研究所、植物保护研究所、粮食作物研究所、热带园艺研究所、农产品加工设计研究所、南繁育种研究中心、热带农业与农村经济发展研究所；拥有 28 个国家和省部级科研试验平台以及 1 个博士后科研流动工作站、4 个院士工作站。

全院科研仪器设备超过 1 500 台（套），总值超过 6 000 万元；科研用地面积 1 850 亩，其中海口院本部 197 亩、澄迈永发科研基地 773 亩、乐东利国南繁育种基地 730 亩和定安畜禽基地 150 亩。全院享受国务院政府特殊津贴专家有 5 人，百千万人才工程国家级人选 1 人，省优秀专家 11 人，省政府重点联系专家 1 人，省政府重点联系后备专家 3 人，80 人通过我省高层次人才认定，其中领军人才 36 人，拔尖人才 9 人，其他高层次人才 35 人；拥有高级职称人员 102 人、中级职称 37 人、博士学位 17 人、硕士学位 59 人。

2．科研活动及成效情况

（1）科技创新能力稳步提升

一是科技项目立项经费稳中有增。全年获国家和省部级各类科技计划项目立项资助 134 项，总经费 6 800 多万元；全年执行预算总经费 1.1 亿多元，执行项目 160 多项。

二是自主知识产权新品种选育工作取得新突破。全年培育作物新品种 11 个，在花卉、油料等新品种培育中取得突破性进展。"永发喜悦""亮叶深紫""吉祥""富贵"4 个三角梅新品种通过省林木品种审定委员会认定，"金色沙滩"三角梅新品种成功登录为国际三角梅新品种，成为全国首例；通过省林木品种审定委员会认定的"琼科优 1 号油茶"是我院自主选育的第一个油料植物新品系；R225 水稻不育系获得国家新品种授权，"海丰4A""海野 A""海丰 6A"3 个水稻不育系和特种稻新品系"山栏陆 1 号"通过海南省农作物品种审定委员会审定。

三是科技成果产出数量和质量稳中有升。获省级科技进步奖一等奖、省级技术发明奖二等奖、三等奖各 1 项，获授权国家专利 23 项。

（2）科技成果转移转化能力持续提高

一是承担完成了全省土壤测试近一半的工作任务。院环土所承担了三亚、乐东等 6 市县土壤测试化验工作，实施了琼海、文昌等 4 市县种植业污染源普查工作，配合参与了全面推进全省土壤 - 农产品重金属含量协同监测工作，在服务我省生态文明建设、打赢污染防治攻坚战、保障农产品供给安全等方面作出了贡献，全年实现科技服务性收入超过 240 万元。

二是支撑产业发展能力进一步增强。50 多项轻简化技术得到大面积推广应用。粮作所研发的鲜食地瓜脱毒苗培育及配套栽培技术、山栏稻新品种选育及高产栽培技术，蔬菜所研发的常年蔬菜主要病虫害综合防治技术、夏秋淡季蔬菜生产关键技术、樱桃番茄植株调控与肥药减施增效关键技术、番茄苦瓜嫁接育苗技术，环土所研发的土壤重金属检测与测土配方施肥技术，以及畜牧所研发的海南黄牛快速育肥技术等多项热带特色农业生产轻简化关键技术在全省范围内得到大面积推广应用，在服务"三农"和区域经济发展、助力脱贫攻坚中取得显著成效，在农民增收、农业增效中发挥了关键性作用。果树所推广的菠萝蜜、金菠萝、特早熟荔枝等 15 个果树新品种，有效推动了我省热带水果产业的转型升级，创造社会经济效益超过 1.6 亿元。

（3）科技服务和科学普及覆盖面不断扩大

一是首次承担市县专项培训计划项目和定向农业技术培训任务。首次承担了市县贫困人口种养殖能力和水平提升专项培训项目，为陵水县文罗镇等 6 个行政村提供热带果树、冬季瓜菜高效栽培、畜禽健康养殖等技术培训 70 期，参与农民达 4 300 人次；首次承担省职业农民培训项目，争取资助经费 165 万元，培训农民 550 多人。争取中国科协专项培训经费 120 万元，支持科技助力精准扶贫专项行动，在全省 6 个市县贫困地区建立了槟榔、毛豆、脱毒地瓜、热带水果和冬季瓜菜等 8 个扶贫产业示范点，直接带动贫困人口 1 200 人脱贫。

二是科技服务助推区域产业发展成绩斐然。全年组织科技人员下乡 2 329 人次，举办各类科技培训班 304 期，发放科技资料 4.7 万份，有 1.7 多万人次受益；在全省范围内共建科技示范点 167 个，推广新品种 48 个，推广新技术 92 项，推广应用粮食蔬菜作物面积 40 万多亩，推广畜禽饲养 531 万只（头）。

三是农业科学普及社会彰显度不断提升。科技活动月期间，组织科技下乡、科技展览、科技咨询、科技培训、科普讲座等 103 场次，举办科技报告会 5 场，常年开放科普基地 12 个，参加活动专家 229 人次，吸引公众参与 8 657 人次，发放各类资料 1.2 万份，221 人次科技人员下乡赠送农资等物品折合人民币 60 余万元。我院已经连续 8 年荣获海南省科技活动月组织一等奖。

（4）科技扶贫工作影响力持续扩大

一是引导一线科技人员积极投身精准扶贫，"四个一百"科技扶贫工程成效突出。全年选派 39 名科技人员赴琼中、五指山、保亭等 11 个"三区"市县 78 个贫困村开展农业科技结对帮扶工作，辐射服务海口、文昌等 7 个非"三区"市县；选派 2 名研究员挂职市县担任科技副市县长，3 名副研究员、博士挂职科技副乡镇长。全年共筹措各类科技扶贫资金 200 多万元，在五指山等多个市县贫困地区建立科技示范点 148 个，推广轻简技术 94 项，举办科技培训班 251 期。在"四个一百"科技扶贫工程的带动下，做强了一批农业产业，带动了一批贫困户脱贫致富。我院在扶贫过程中，还积极践行"绿水青山就是金山银山"理念，引进企业捐资 1 300 万元在我院定点扶贫点毛兴村建成污水处理工程，实现了全村污水净化处理排放。

二是多个产业扶贫项目落地见效。近年来，我院在扶贫点毛兴村重点实施朝天椒、榴莲蜜、五指山猪等扶贫产业，为毛兴村整村出列提供了强有力的产业支持和技术支撑；在白沙、儋州、琼中等 7 个市县组织实施 1 万亩脱毒苗地瓜、3 000 亩山栏稻、3 400 亩朝天椒和 850 亩毛豆项目，在东方、乐东等 3 个市县向贫困户免费提供优质益智苗、樱桃番茄嫁接苗 200 多亩，全程为乐东只朝村贫困户联合种植的 150 亩瓜菜提供全程技术指导与服务等，在推动我省农业产业扶贫工作中发挥了骨干作用。

三是指导打造了一系列产业精准扶贫品牌。在白沙县青松乡示范种植我院研发的山栏新品种"山栏陆 1 号"，亩产高达 250 多千克，亩产值近 4 000 元；在五指山、陵水等市县发展朝天椒、地瓜等产业，有效带动 600 多名贫困户增产增收。推动发展了一批扶贫产业，也叫响了贫困地区山栏稻、鲜食地瓜、毛豆、特优香米等一批农业精准扶贫品牌。

（5）对外交流合作掀开新篇章

一是与市县、企业合作取得实质性进展。先后与陵水、文昌、五指山、白沙等市县签订战略合作协议，示范推广一批新成果新技术，在服务地方经济发展，助力地方脱贫攻坚中发挥了重要作用。联合文昌市政府筹建文昌鸡研究所，在五指山市建立五指山猪联户保种基地；与乐东县、中铁建海南投资有限公司签订三方合作协议，共同推进打造乐东南繁科技示范基地；与中铁十六局集团第一工程有限公司签订合作协议，积极推动南繁科技城、南繁硅谷建设。

二是科技创新联盟点多面广。加快与兄弟单位合作，推动参与不同科技创新主体协同攻关。先后参与了"中国—东盟农业科技创新联盟""中国热带农业对外合作发展联盟""国家畜牧科技创新联盟"等 9 个科技创新联盟；与中国热带农业科学院签订合作协议，共同推进国家热带农业科学中心建设。

　　三是学术交流层次大幅提升。先后与陵水县政府联合举办"2018 年海南（陵水）圣女果产业可持续发展研讨会"，与中国心胸血管麻醉学会共同举办"大健康产业发展高级研讨班"，与省农学会共同主办"2018 年鲜食地瓜全国学术研讨会"，联合全国多家科研机构组织召开了"实验动物五指山小型猪学术研讨会"；首次承担省委人才局主办的"现代高效热带农业生产经营技术"省级研修班的组织教学任务；组织多批次 30 多人次赴印度、斯里兰卡、韩国、日本、中国台湾等地开展学术交流活动，在对交流外合作中取得实质性进展。

（二十三）重庆市农业科学院

2018 年，组织策划项目 487 项，申报 296 项，已获立项资助 133 项，其中省部级以上项目 43 项，到位科研经费 8 400 万元，结题验收 141 项。新上瓜类蔬菜优质多抗适应性强新品种培育等国家科技重大专项子课题项目 4 项；"乡村水冲厕所污染管控研究与资源化利用技术装备研发示范""丘陵山区生活污水处理及农业面源污染控制关键技术示范"入选市科技局重点研发项目。全年获省部级各类奖项 9 项，其中获得市政府科技进步奖一等奖 1 项，二等奖 3 项，三等奖 2 项；教育部科技进步奖二等奖 1 项、市发展研究三等奖 2 项。完成成果登记 39 项，审（鉴、认）定品种 22 个、非主要农作物品种登记 14 个、亲本鉴定 25 个，申请品种权保护 18 项；申报地方技术标准（规程）立项 21 项，授权专利 46 项（发明专利 13 项）；发表论文 149 篇、获得软件著作权 12 项，出版专著 6 部。

1. 科研条件建设

具体开展了以下方面建设：一是重庆现代农业高科技园区建设。国土整治、小型农田水利、标准农田整治、骨干道路、道路景观、景观及附属工程等基础设施项目建设全面完成。二是科研平台项目建设。建设全国第一批国家农业科学观测实验站 1 个，认定重庆寡日照与高温伏旱区粮油作物野外科学观测研究站 1 个，"油菜育种快速测试平台能力提升项目"获中央引导地方科技发展专项，"重庆南繁南鉴蔬菜示范基地"已完成全部建设内容，逆境农业研究重庆市重点实验室通过市科技局评估，糯玉米原种基地等 5 个能力建设项目通过市级验收。三是现代农业高科技园区在国土整治中探索的山地农机化改造模式，被市国土局推荐到国家自然资源部，《中国自然资源报》以"重庆建成首个山地农业科研基地整治项目"为题刊登。四是新获"全国农产品质量安全科普示范基地"建设和"全国名特优新农产品营养品质评价鉴定机构"资质。

2. 自主创新

"两系"杂交水稻不育系创制取得实质性突破，苗头不育系"中 1S"参加了 20 年长江上游区试，比对照增产 5% 以上；"神农优 228"在水稻三大院士出席的农业农村部"2018 年国家优质稻品种攻关推进暨鉴评推介会"上获首届全国优质稻（籼稻）品种食味品质鉴评金奖，系获奖的两个杂交水稻品种之一，也是西部地区唯一获此殊荣的品种；优质超高含油品种"庆油 3 号"在湖北、四川等长江流域冬油菜主产区受到油菜生产者、油菜贸易商和油

重庆市农业科学院"神农优 228"优质香稻金奖
荣誉证书

脂生产企业等的广泛青睐，培育出含油率超 50% 的高代材料；牵头全市茶叶产业技术体系创新团队，助推茶产业健康发展，云岭永川秀芽荣获第二届中国国际茶叶博览会金奖殊荣。

3. 科技合作

院地、院企科技合作稳步推进。武陵山研究院、渝西蔬菜研发中心、垫江基地等 10 个区域性研发平台建设水平有效提升，新建院士专家工作站大足基地和农科院大足分院；技术支撑全市 100 多家农业企业，与市旅投集团等签署了战略合作协议；充分发挥行业智库作用，为政府及企业提供调研报告、咨询意见等 30 余个；代表市政府决策咨询专家委员会提交的《关于我市推进乡村振兴的几点建议》由市政府督查室纳入督办事项；承担国家、市下达的农产品质量安全监测任务，收集各类数据 15 余万个，为政府提供咨询报告 17 份；为区县基层质检机构培养人才，全年组织区县基层检测人员现场培训 2 期 200 人次和区县基层检测机构能力验证考核 2 次，签订企业质量控制技术服务协议 5 份。

4. 科技成果的转化

推广水稻、玉米、蔬菜、杂粮等自有知识产权成果、优良品种 120 个，提供农作物良种 685 万千克，优质果苗 50 万株，应用面积达到 1 277 万亩以上。2018 年，由市农业农村委出文推介的促进乡村振兴 100 项农业主推技术和 100 个农业主导品种中，有 39 项主推技术（其中独立提供的 37 项，联合提供的 2 项）和 64 个主导品种（其中独立提供 54 个，联合提供 10 个）入选，分别占种植业 70 项主推技术和 70 个主导品种的 52.9% 和 91.4%，充分体现了我院科技支撑乡村振兴战略行动计划的骨干主体地位。

5. 精准扶贫

一是参与市农委组建的 18 个深度贫困乡镇产业扶贫工作技术指导组，我院 1 名副院长出任市农委扶贫集团巫溪红池坝镇扶贫工作队队长。策划组织"蔬菜新品种新技术示范与推广""蔬菜产业扶贫技术支持""2018 年重庆市脱毒生姜良种繁育与应用示范"等项目，经费 100 余万元；积极组织全院干部职工实施消费扶贫行动，购买巫溪红池坝镇农产品。

利用自身优势争取巫溪县农委项目"巫溪县中岗乡渔沙村标准蔬菜基地建设"，资金 21 万元，建设大棚 3 600 米 ^{2}。送去价值 10 余万元的良种，免费为巫溪渔沙村编制产业规划。组织了 50 余个科技扶贫团队，到贫困区县实施"送良种、送技术、送智慧"活动，开展了对酉阳车田乡等的扶贫技术支撑工作，完成"酉阳县车田农旅融合产业规划"1 套、"建园技术方案"1 套；二是继续在城口、巫溪、彭水、酉阳、石柱、武隆等 6 区县 6 村试点开展产业扶贫示范工作，根据贫困村的资源条件和产业基础，以项目为载体开展产业扶贫，重在帮助对方建立农业主导产业链。三是推广蜜柚、脆李等果树新品种 5 个，杂粮新品种"青薯 9号""中薯 2 号""渝芸豆 1 号"等 7 个；蔬菜新品种"秋实 1 号""丰园 913 甘蓝"等20 余个；推广新型种植技术 15 项；推广面积逾 3 000 余亩，带动农户 200 余户，带动农户户均增收 500~20 000 元 / 年，开展各类培训 30 余次、培训农户 1 000 余人次，得到帮扶贫困户的高度认可。四是继续深入推进援藏扶贫。副院长蔡家林同志作为副领队所在的第八批援藏工作队，获得 2018 年度"感动重庆十大人物"特别奖。我院继续深入实施市财政援藏农业科技项目"昌都保供蔬菜生产关键技术集成与应用示范"项目；在昌都、芒康、类乌齐、察雅、丁青、洛隆、边坝、左贡、江达、贡觉、八宿等县发展蔬菜生产，并通过"请进来"等方式，对昌都地区农业技术人员 30 余人次以"室内集中、现场观摩、现场指导、发放资料"等方法进行了技术培训，有效提高了当地农牧民的田间管理水平。

6. 开放办院

依托中国援坦桑尼亚农业技术示范中心，在坦桑尼亚、孟加拉等国建立了试验示范基地，制种面积 3 000 亩、年出口种子100 余万千克。中国驻坦桑尼亚大使王克以中国援坦桑尼亚农业技术示范中心为载体主持了中国水稻技术惠坦行项目，获坦桑尼亚和桑给巴尔农业部高度赞扬。今年还将水稻高产栽培技术推广到莫罗戈罗、桑给巴尔等6 省，建立了水稻高产栽培技术示范点、形成技术推广员联系制度，在坦桑尼亚建设了中国（重庆）农产品坦桑尼亚展销中心，有力促进了当地农业发展，巩固了中坦友谊。中国援助孟加拉水稻技术项目完成验收。

2018 年 12 月 7 日，中国援坦桑尼亚农业技术示范中心在伊林加省举办的玉米高产栽培田间实践活动

"中国援坦桑尼亚农业技术示范中心"为重庆市政府承担，重庆市农业科学院组织实施。照片中间人物为中国驻坦大使王克（女），左侧为时任坦桑尼亚外交部长马希加，右侧为中国援坦桑尼亚农业技术示范中心专家王骞（院水稻所）

（二十四）重庆市畜牧科学院

1．机构发展情况

现设有 12 个研究所、10 个综合处室、2 个中心，在职职工 335 人。

2．科研活动及成效情况

（1）科研项目和成果

实施在研项目 316 项（其中市级以上重大项目 118 项），经费 1.23 亿元。新增项目 101 项，新增经费 2 880.15 万元；登记成果 11 项，获授权专利 33 件，发表论文 160 篇，出版著作 7 部。获批地方标准制（修）订计划 11 项。获 2017 年度重庆市科学技术进步奖三等奖 1 项，获中国实验动物学会科学技术奖二等奖 1 项，2018 年度院级科学技术进步奖 4 项。

（2）重要项目进展。在全人源化抗体动物、医用动物、非常规饲料等研究方面取得重要突破：① 完成了 3 种人源化抗体小鼠性能、功能评价，成功获得 6 种高亲和力、高特异性的 GPC3 单抗。② 成功培育出同时转有人免疫球蛋白 kappa 轻链和 lambda 轻链的人源化抗体猪。③ 无菌猪被科技部遴选为现代农业代表成果参加香港 2018 科创博览，是川渝政府间合作项目。④ 研发出非常规饲料发酵产品 3 个。

"无菌猪培育与转化应用"项目参加香港"创科博览 2018"展览

（3）科研条件建设

"西南中兽药评价中心""医用动物转化应用系统和全人源化抗体药物开发平台""黔江研发基地"3 个项目获批建设；完成"农业农村部种猪质量监督检验测试中心（重庆）"复评审及改扩建；实验用猪工程中心投入使用；完成双河科研基地基础配套设施、蜂业科研示范基地等建设工作。养猪科学重庆市市级重点实验室和院士工作站年度考核优秀；"重庆华衡检测技术有限公司"获得 CMA 认证。

（4）对外合作交流

成功承办了"第八届中国畜牧科技论坛""道肠道 非常道"2018 畜禽消化道稳态营养

高峰论坛、重庆市蜂产业发展研讨会、中加养猪技术交流会等国际国内学术会议 18 场次；邀请了法国养猪研究院、美国葛兰素史克公司、俄罗斯物理技术学院、浙江大学、中国农业科学院等 50 余个国内外知名院校 200 余名专家来院交流指导。与中国农业大学等 34 个农牧高新技术知名研发机构及市发改委共同签订《"政产学研"共建荣昌国家高新区》协议。

（5）科技产业扶贫

继续在武隆县鸭江镇保禾村、后坪乡开展对口扶贫困难户 105 户；15 次到巫溪县红池坝镇金家村慰问、指导工作，继续选派 1 名博士到巫溪县红池坝镇金家村任"第一书记，组织技术培训 7 次，投入扶贫资金 56 万元。12 名专家参加深度贫困乡镇产业扶贫工作技术指导组开展扶贫工作。依托 31 名"三区"科技特派员、52 名市级科技特派员和 6 个市内分院，进驻 14 个区县开展技术扶贫，指导发展土鸡、生猪、山羊、中蜂养殖。

（6）成果转化推广

在重庆石柱、武隆、丰都等 21 个区（县）60 余个乡镇开展农技服务与成果转化示范乡镇建设，推广养殖技术 65 项。与三峡建设集团忠县柑桔有限公司、四川德成动物保健品有限公司等 30 余家大型畜牧公司等 30 余家企业开展深度合作，协议转化成果 3 项，获得研发和技术服务费 488.6 万元。举办技术培训班 65 期，培训养殖技术人员 3 417 名，培养畜牧科技创新与成果转化科技精英 348 名。扶持企业（合作社、家庭农场）71 家，对口扶持191 户养殖示范户。联合全国 58 家畜牧企业成立"中国·荣昌西南安全优质猪肉全产业链联盟"。

荣昌区大数据智能化引领农牧高新产业发展签约在我院成功举行

（二十五）四川省农业科学院

2018 年是四川省农业科学院（以下简称我院）发展历史上里程碑式的一年，也是科研成果丰硕的一年。时值建院 80 周年之际，省委彭清华书记专门发来贺信，尹力省长专程来院考察调研，充分体现了省委、省政府对农业科技工作的高度重视。一年来，我院振奋精神、团结一心、真抓实干，促改革、求创新、谋发展，各项工作取得了显著成效。

1. 科研项目和经费

2019 年，我院承担了国家、部、省，以及横向项目等 970 项，同比增加 84 项。其中，主持国家和部级项目 110 项，参加 67 项；主持省级项目 410 项，参加 122 项；横向等项目 139 项。

我院到位科研经费 1.66 亿元，同比增幅 4.3%。其中，国家级项目经费 5 733 万元，省级项目经费 8 560 万元，地市级及横向项目经费 2 341 万元。

2. 重要研究进展

在世界上首次突破了羊肚菌营养生长向生殖生长转化的瓶颈，发现了羊肚菌外源营养供给的特殊方式，发明了羊肚菌营养转化袋技术，创建了羊肚菌人工驯化栽培新方法，在国内外率先实现羊肚菌可重复的稳定出菇和规模化产业化生产。

优质专用甘薯选育集成创新了"壮苗、增密、高垄、增钾"提质增效四项关键栽培技术和一年两季甘薯周年生产新型种植模式，建立了三链联动转型升级机制和市场导向的甘薯产业链运行模式。

茶树特色新品种选育突破了种质资源精准鉴定评价和高效育种两大技术瓶颈，解决了茶树新品种应用推广与配套栽培、加工技术及新产品开发脱节的难题。

四川省农业科学院现代农业科技创新示范园新都基地

3. 科研条件

先后建设的 48 个部省级科研创

新平台和国际合作平台，为院科研综合实力提升打下坚实的基础。其中，农业农村部重点实验室 6 个：长江上游农业资源与环境、西南地区小麦生物学与遗传育种、西南水稻生物学与遗传育种、西南作物有害生物综合治理、西南山地农业环境、西南地区园艺作物生物学与种质创制重点实验室；农业农村部观测实验站 3 个：南方坡耕地植物营养与农业环境、西南区域农业微生物资源利用、长江上游油料作物观测实验站；国家水稻、玉米、高粱、棉花改良分中心，国家农作物品种审定抗性鉴定站，农业农村部植物新品种测试（成都）分中心、食品质量监督检验测试中心（成都）、农产品质量安全风险评估实验室（成都）、遥感应用中心成都分中心、农药登记残留试验室，国家数字农业西南研究示范基地，四川省成都市国家西南特色园艺

成立乡村振兴研究中心

作物种质资源圃，四川省岩原鲤良种场；国家地方联合工程实验室 4 个：耕地保育与水肥资源高效利用、食药用菌育种与栽培、秸秆生物综合利用技术、柑橘育种与栽培国家地方联合工程实验室；国际合作平台 4 个：四川省（中德）油菜研究中心、国际玉米小麦改良中心中国南方联合试验站、国际农业科技情报体系（AGRIS）西南分中心、四川果树苗木繁育中心（中意）。

目前正在积极推进"国家品种测试西南分中心"项目建设。联合申报的"作物生理生态及栽培四川省重点实验室"已正式挂牌运行。成立了四川省农业科学院乡村振兴研究中心，是我院农业经济学科发展史上的一件大事，在全省乡村振兴战略实施中抢占到科研制高点。

4. 科研人才团队

截至 2018 年底，我院职工共 2 431 人，在职职工 1 166 人，高级职称人才 389 名，其中博士 153 人、硕士 275 人，研究员 132 人，副高级职称 257 人。国家百千万人才工程国家级人选 3 人，享受国务院政府特殊津贴专家 31 人，全国杰出专业技术人才 1 人，四川省有突出贡献中青年优秀专家 33 人，四川省学术和技术带头人 40 人。

我院共有农业农村部专业技术体系岗位专家 16 人、试验站长 17 人。水稻、玉米、油菜、水果、蔬菜、食（药）用菌、薯类、茶叶、麦类、淡水鱼 10 个国家现代农业产业技术体系四川创新团队为我省现代农业产业发展提供了有力支撑，其中创新团队首席专家 7 人、岗位专家 45 人。

5. 科技成果

2018 年我院科研产出成果丰硕，共取得省级以上科技成果奖 22 项，其中四川省科学技术进步奖一等奖 4 项、二等奖 6 项、三等奖 11 项，西藏自治区科学技术进步奖二等奖 1 项。荣获的四川省科学技术成果奖励情况创"十三五"以来新高：从获奖数量上看，是"十三五"以来我院获得省科学技术进步奖数量最多的一年；从获奖类别上看，我院获奖成果数占农业类（含种植、养殖、林业、农产品加工）获奖成果总数的 37.5%，是"十三五"以来该项占比最高的一年；从获奖成果等级分布上看，本年度共获一等奖 4 项、二等奖 6 项、三等奖 11 项，是"十三五"以来以第一完成单位获得一等奖数量最多的一年；从获奖成果学科分布上看，涉及作物育种、作物栽培、土壤肥料、植物保护、遥感应用和水产养

四川省科技进步一等奖（野生茶树种质资源发掘与特色新品种选育及配套关键技术集成应用）川农黄芽早（代表品种）

四川省科技进步一等奖（野生茶树种质资源发掘与特色新品种选育及配套关键技术集成应用）紫嫣（代表品种）

四川省科技进步一等奖（羊肚菌驯化和新品种选育及产业化关键技术创新与应用）甘孜州梯棱羊肚菌出菇场面

四川省科技进步一等奖（羊肚菌驯化和新品种选育及产业化关键技术创新与应用）甘孜州六妹羊肚菌出菇场面

殖等学科，均为我院传统优势学科，表明了我院传统优势学科一直保持着良好的发展势头。

四川省科技进步一等奖（羊肚菌驯化和新品种选育及产业化关键技术创新与应用）六妹羊肚菌特写

我院通过审定（鉴定、认定、登记）的农作物新品种59个，增幅34.1%。其中国家审定（登记）品种26个，同比增长73.3%，四川省审定品种19个，同比增长18.8%。发表学术论文453篇，SCI论文85篇，增幅为34.9%，单篇最高影响因子6.305，编写专著10部。我院申请专利153件，获得专利授权89件，其中国家发明专利35件，实用新型54件，"双锯盘伐条机"获得四川省专利奖三等奖。申请植物新品种权35个，获授权18个。研制各类标准、规程20项。获得计算机软件著作权登记证书16个。

6. 学科发展

经过80年的发展历程，四川省农业科学院已由20世纪50年代的1个研究所6个系（农具系、农经系、农水系、园艺系、气象系、畜牧兽医系）发展成为拥有粮食和经济作物育种、耕作栽培、资源环境、生物技术、植物保护、园艺、农林遥感与土地利用、农产品质量与安全、农产品加工、信息技术、蚕桑、茶叶科学、水产、农经等50多个学科和专业的综合性现代农业科研机构。

7. 对外合作交流

面对"一带一路"和构建"四向拓展、全域开放"新格局，按照建院80周年庆祝活动部署，由我院倡议并主办，国际农发基金、省扶贫移民局、省财政厅支持的"国际（中国·四川）山地现代农业与减贫研讨会"在成都成功举行，搭建国际现代农业与减贫学术交流研讨平台。我院与国际玉米小麦改良中心签署《四川省农业科学院与国际玉米小麦改良中心科学技术合作备忘录》，合作向纵深方向拓展，双方将继续在玉米和小麦研究领域深入开展生物技术、品种改良、作物栽培和生理以及技术培训等方面的合作。在泰国召开的"川泰科技创新合作交流会"现场推介了我院科技合作与交流项目，与泰方进一步开展务实合作，增进川泰友好合作关系。

8. 科技扶贫

围绕脱贫攻坚，制定发布了《关于深入推进农业科技进贫困和民族地区行动计划（2018—2020 年）的实施意见》，进一步深入推进四大片区"农业科技进民族和贫困地区行动计划"任务。2017 年在对 10 个重点县合作基础上，2018 年又扩大了对 20 个重点县的重点示范，围绕水稻、稻渔、水果、蔬菜、食用菌、薯类、油菜、蚕桑、中药材、茶叶等产业开展成果转化项目 39 个，新建核心示范基地 39 个，核心示范区面积 20 909 亩，引进示范新品种 136 个、新技术 77 个，形成可复制示范模式 3 套，经济效益达 6 377.8 万元，直接增收达 4 506.3 万元。开展培训会 82 次，培训大户、新型经营主体、农户 8 377 人，田间实地指导 178 次 7 337 人。

针对单个产业或项目对脱贫攻坚产业发展的局限性等问题，探索并创建了"单个项目向多个项目集成的整村推进"示范转化模式，在一个试点村面向主导和配套产业，跨我院各所（中心、分院）、跨学科领域，整合形成综合型集成项目。全年实施整村推进项目 14 项，示范转化新品种、新技术、新模式成果 191 个，探索形成成果转化"三位一体"（现场会、学徒制、讲习所）新模式，脱贫攻坚发展"能人引领 + 联户合作 + 帮扶贫困户"新机制等，实现了由单打独斗向院内外紧密合作的新突破，社会影响力和示范带动效果明显提升。

9. 成果转化推广

2018 年，我院与 228 家企业开展合作，知识产权转让收入 1 093 万元。转让实施许可新品种和专利，提供技术咨询和服务，接受委托研究项目，解决企业实际问题。组织参加第 17 届中国西部国际博览会及第 6 届四川农业博览会，展示我院从 1938—2018 年的发展历程和取得的主要成果。

依托我院科技成果中试熟化示范转化工程，开展实施了"农业科技进贫困和民族地区行动计划""整村推进现代农业科技示范试点""成果转化平台与能力提升建设""国际科技合作"共 4 类支撑项目，通过"三转变"，我院科技成果转化推广有了很大的优化提升，成效明显。高质量示范推广"四新"科技成果面积 7 606 万亩。开展农业科技进贫困和民族地区行动计划，农业科技扶贫合作的重点县达 20 个，新建核心示范基地 39 个，形成可复制示范模式 3 套。新增山区马铃薯、经济作物公益性成果转化平台建设，基本构建覆盖主要粮经作物的成果转化平台。面对"一带一路"新形势，进一步扩大了对外开放程度。为农业灾害的处置提供技术支持，通过科技宣传、培训扩大影响力，充分发挥农业智库的作用。

（二十六）四川省畜牧科学研究院

1. 机构发展情况

四川省畜牧科学研究院是一所具有 80 余年悠久历史的公益性研究机构，是西南区域畜牧科技创新中心和人才培养基地。承担了国家重大科技支撑计划、863 计划、国家自然科学基金、国家农业产业技术体系、省畜禽育种攻关等基础和应用研究课题，在遗传育种、生物技术、饲料营养、疫病防控、健康养殖、生产系统等领域开展畜牧兽医新技术、新产品研究，培养畜牧兽医技术人才，推广现代畜牧生产技术。先后培育出大恒 699 肉鸡配套系、蜀宣花牛、川藏黑猪、简州大耳羊、南江黄羊、凉山州半细毛羊共 6 个国家审定的畜禽新品种（配套系）。研究院自 1978 年以来取得 250 项科技成果，其中获部省级二等以上成果奖励 76 项。研发的畜禽新品种、新产品、新成果、新工艺推广覆盖全国 20 多个省（区），为发展畜牧经济和促进农民增收提供科技支撑。

2. 科研队伍建设

2018 年度，6 人获批第十二批四川省学术和技术带头人（其中 2 人为新增），目前共有 13 位四川省学术和技术带头人，在全省继续保持领先优势；2 人新当选四川省有突出贡献的优秀专家；5 人新当选四川省学术和技术带头人后备人选；2 人获国务院政府特殊津贴。研究院 2 人入选 2018 年度"四川省天府万人计划"：蒋小松研究员获"天府农业大师"项目支持，杨朝武副研究员获"天府科技菁英计划"项目支持。研究院有 79 位高级职称专家，在科技人员中占比 52%，其中正高 38 名；硕士以上学位 87 人，在科技人员中占比 58%，其中博士 25 人，顶尖人才和高学历人员占比，在全省科研单位中名列前茅。

3. 科研项目及进展

2018 年度，申报各类科研项目 75 项，在研科研项目 172 项，完成项目验收 65 项。猪、家禽、牛、肉兔、兽医、饲料营养等重点研究领域，全面进入国家团队。新上四川省重大科技专项 3 项。在"十三五四川省畜禽育种攻关"中期评估中，我院主持的项目得分均在 85 分以上，其中"优质肉鸡育种材料与方法创新"排畜禽水产组第 1 名。品种（配套系）培育方面：大恒 799 肉鸡配套系已完成中试，正在开展第三方性能测定；优质猪选育黑色专门化父本新品系选育取得突破性进展，其生长性能、胴体瘦肉率达到杜洛克猪的性能水平，且肉质性能显著优于外种猪；优质肉兔配套系选育正在进行中试；组建了无角牛基础群，为新类群培育奠定了基础。产业技术创新方面：研制升级版仔猪保温箱、肉鸡数字化代谢仓、肉牛智能养殖系统、猪舍掌上远程控制 APP 软件、鸡传染性喉气管炎胶体金检测试纸条等实用技术，复方布他磷注射液获得二类新兽药证书。基础研究方面：开展沐川乌骨黑鸡、川南山地黄牛、北川白山羊、四川白兔等地方特色遗传资源的种质特性研究。探讨乌骨鸡营养品质的物质基础和分子机理；鉴定筛选出 42 个对猪肥育、胴体和肉质性能具有重要调控作用的功能基因；拟定胍基乙酸的复配模型，研究胍基乙酸在肉仔鸡中的精准利用；确定日粮中锌含量可显著影响草鱼肠道中相关信号分子的表达，进而调控草鱼肠道中谷胱甘肽（GSH）的合成。首次开展了西南地区猪繁殖与呼吸综合征流行病学调查，分离鉴定出 4 株新的重组毒株。

4. 科研成果及转化

2018 年度，推荐申报科技成果奖励 2 项；作为第一完成单位获得科技成果奖励 2 项，参与获得科技成果奖励 1 项。主持的"基于氮循环的耕地畜禽承载力评价方法建立与应用""濒危四川白兔种质资源抢救性保护与利用技术研究"成果分别获 2018 年四川省科技进步奖二等奖、三等奖。获得四川省审定牧草新品种 2 个；参与获得国家审定牧草新品种 1 个。全年获授权专利 14 件，其中发明专利 2 件、实用新型专利 11 件、外观设计专利 1 件；获软件著作权 8 项；出版著作 5 部；通过审定并颁布实施地方标准 20 项。发表论文 143 篇，其中 SCI 论文 39 篇。

以科研基地、专家服务站为载体，构建"以科研院所为依托，集技术培训、服务、示范、推广为一体"的公益性科技推广新模式，打通成果到产业一线的"最后一公里"，实现科技成果的自主研发、自主转化、自主推广。大恒肉鸡、蜀宣花牛、川藏黑猪等畜禽新品种（配套系）、新产品、新技术，推广覆盖全国 20 多个省（市、区）。全年转化推广科技成果 15 项，其中自主育成的优质风味黑猪配套系"川藏黑猪"成功转让四川铁骑力士集团。优质风味猪产业联盟成员数达 3 000 个，基地年生产力 300 余万头；推广父母代种鸡 35 万套；蜀宣花牛 1.2 万余头，冻精 10 余万剂；种羊 0.42 万只；种兔 0.38 万只；优质牧草 10 余万亩。

5. 科研条件平台建设

简阳养猪新科研基地完成种猪搬迁工作，继续推进四川省种猪性能测定中心、种公猪站新基地的建设。优质肉鸡育种基地完成 2 栋信息化鸡舍建设，改建 1 栋优质肉鸡育种性能测定综合实验室，育种条件明显得到改善，新品种培育能力显著增强。养兔科研基地遴选为四川省核心育种场。至此，全院的 3 个畜禽育种科研基地，全部列入国家级或省级畜禽核心育种场。开展国家级遗传资源四川白兔保种场的选址搬迁工作。完成全院科研设施设备招投标等工作。科研基地规模、设施设备的领先性和创新转化能力，位居全国同类科研院所前列。

6. 科技扶贫

采用精准扶贫与研发、培训、转化、培养相结合的方式，助力农村产业发展，驱动农业产业扶贫。2018 年度，申报四川省科技扶贫项目 5 项，在研科技扶贫项目 17 项，在甘孜、凉山等 8 个市州 17 个贫困县实施。继续选派 6 名科技人员到甘孜州雅江、丹巴、新龙、道孚、九龙、理塘 6 个深度贫困县任驻村农技员。全年示范推广种畜新品种 140 头、禽兔新品种 9 600 余只；开展集中培训 28 次，受训人数达 1 200 余人次，发放技术资料 1 500 余册；入户指导 260 余次，一对一技术指导 300 余人次，用畜牧科技助推精准脱贫。选派 5 名科技人员参加"深度贫困县科技扶贫万里行"活动，其中 2 名科技人员担任服务团首席专家，赴理塘、若尔盖、美姑等 12 个深度贫困县开展技术帮扶。选派 26 人作为"三区"科技人员，到甘孜、凉山、广元、宜宾、巴中、达州、乐山、南充 8 个市州 23 个贫困县开展科技帮扶，聚焦产业发展突出问题，开展技术培训 60 余次，培训 4 000 余人次，发放资料 2 000 余册，切实发挥了科技帮扶作用。2018 年，1 人被省委省政府评为"脱贫攻坚先进个人"，3 人被评为"农业厅 2017 年优秀驻村农技员"，受到表彰表扬。

（二十七）贵州省农业科学院

1. 机构发展情况

贵州省农业科学院的前身为贵州省农事试验场，始建于 1905 年，历经省农业改进所、省农业试验场、省综合农业试验站和省农业科学研究所几个阶段。目前，已发展成为拥有 18 个专业的研究所，为省级农业综合科研机构，涵盖粮、油、果、蔬、茶、桑、药、畜牧、兽医、水产、土壤、肥料、植物保护、农业科技信息等 50 余个专业领域。现有在职正高职称的科技人员 114 人，副高职称 323 人，博士 103 人；享受国务院和省政府特殊津贴专家 44 人，省"十层次"创新型人才 2 人，省"百层次"创新人才 8 人；省核心专家 3 人，省管专家 13 人；贵州省最高科学技术奖励 2 人，创新人才团队 9 个。

2. 科研活动及成效情况

（1）科研立项经费支持稳步增长

全年获各类项目立项 168 项，合同经费 1.32 亿元，同比分别增长 7.7% 和 1.1%。其中国家基金项目 14 项，合同经费 539 万元，同比分别增长 16.7% 和 29.9%，在全国省级农科院中排名第 10 位；参与国家重点研发计划等专项 15 项，经费 1 365.9 万元，同比分别增长 36.4% 和 59.6%；国家现代农业产业技术体系、农业农村部现代种业提升等项目经费 2 574 万元，同比增长 28.4%；省级科技计划项目经费 7 708 万元，同比增长 10.4%；省农委产业体系等项目经费 667 万元；地方标准化项目 41 项；院自设项目 94 项，经费 720.5 万元。

（2）科研条件

一是研究平台逐步完善。DUS 检测中心建设有序推进；院"大型仪器共享平台"有效搭建，114 台仪器设备已录入系统；招标采购了 289 万元院科技创新中心平台仪器设备。二是基础条件更加夯实。园艺实验楼通过验收；创新大楼验收协调和果蚕科研用房建设有较好进展；院本部管网、电网升级改造有序推进；院成果展示园完工部分验收投入使用。三是基地建设有效拓展。南繁九所基地创新平台建成投入使用；兴义万峰林水稻基地综合利用得到解决；畜牧所黔西 1 800 亩基地征地基本完成；水产所湄潭 120 亩、草业所长顺 370 亩和油菜所长顺 177 亩基地开始建设；院属单位其他基地建设管理得到加强，科研条件进一步改善。

（3）科研进展及科技成果方面

一是科技奖项继续攀升。2018 年全院获得省科学技术二等奖 4 项、三等奖 6 项；二是科研影响力大幅提升。全年在各级各类期刊上发表科技论文435篇。其中，SCI收录46篇，核心期刊321篇。我院"Plant and Animal"学科进入ESI前1%行列，成为被引论文占比最高的科研机构，占比达到12.92%，综合影响力大幅提升。三是品种审定再获丰收。全年获省级以上审（认）定主要农作物新品种14个。其中，水稻3个、玉米10个、大豆1个；登记牧草新品种2个、杧果新品种1个；登记动植物新品种8个。四是知识产权保护得到加强。全院共提出知识产权保护申请（已受理）170件，其中，植物新品种14件，发明专利139件，实用新型14件，外观设计3件。

组织实施的农业科技改革与创新服务园区食用菌、火龙果、薏苡、优质稻米和草地生态畜牧业产业5个产业项目取得初步成效。逐步成为农业产业科技创新和成果转化综合平台，为全省农业产业大扶贫、精准扶贫提供了可借鉴的模式。

以药用植物、食用菌与作物种质资源的研究和开发应用为突破口，系统开展了农作物资源收集、保存、鉴定及作物基因资源发掘与评价、保护与利用和特色药用植物资源收集、品种选育等研究。

通过创新鲟鱼苗种培育技术和干法运输技术，以及对养殖设施、养殖及生产管理、病害防治等配套养殖技术进行深入研究集成，各项技术得到了充分的熟化，形成了适合我省鲟鱼集约化高产养殖配套技术体系。

竹荪　　　　　　　　　　　　　　　　鲟鱼

百香果　　　　　　　　　　　　　　　石斛

（4）学术交流及学科发展方面

一是国际交流合作继续开展。与东南亚、中亚、非洲等地区在马铃薯、玉米、水稻等方面合作深入开展。全年共 19 批 72 人次前往巴西、秘鲁、日本、韩国等考察学习；选派 26 人分赴德国和美国进行为期两周的业务培训；参加了"中日韩地方政府'三农'论坛"并作交流发言；选派 2 名公派访问学者赴美国农业部和德克萨斯大学分别进行 1 年和 2 年访学；申报各类国际合作项目 12 项，获批 3 项，为开展国际交流合作奠定了基础。

二是国内交流合作力度加大。成功承办第 23 届中国农科院系统外事协作网会议暨全国农业科技"走出去"联盟成立大会，获中国农业科学院及各省市农科院好评；成功举办"水稻优质绿色发展学术研讨会"和"蚕桑、辣椒产业助推贵州乡村振兴学术研讨会"；顺利承办第二届热带作物科学青年科学家论坛；协办了贵州遵义第三届辣博会；邀请了中国科学院院士张启发及中国农科院、省市区农科院、国内相关高校和专家学者到我院作学术报告 16 场次，增强了国内的交流合作。

三是省内交流合作顺利开展。与贵州大学签订了《战略合作框架协议》和《联合培养研究生合作协议》，开始联合培养研究生，共建"乡村振兴战略研究院"；与中国电信股份有限公司贵州分公司签订"互联网＋"战略合作协议。同时，切实开展了知识产权论坛、青年科技论坛学习大讲堂等交流活动，促进院内交流互动。进一步加强与剑河、普安、紫云等县的合作，推动院地合作有效开展。全力帮助贵定县开展好产业大招商工作，促进贵定经济社会发展。

（5）科技扶贫和科技成果转化推广情况

2018 年，全院选派 399 名科技特派员，119 名科级副职赴全省 67 个贫困县开展科技服务工作。2018 年以贵州省农业科学院为依托单位的 11 个贵州省现代农业产业技术体系培训农技人员 4 289 人次，培训农户 31 722 人次，培训建档立卡贫困户 8 828 人次，印发培训资料 55 882 份。全院完成茶叶、蔬菜、油菜、水果等经济作物优良品种及先进技术示范推广 189.562 万亩；水稻、玉米、马铃薯等粮食作物优良品种及先进技术示范推广 186.755 万亩；示范推广优质牧草 7.3 万亩、畜禽 16.9 万羽（只、头）、鱼苗 260 万尾。

2018 年各研究所成果转移转化共 50 项，成果转化收益 719.3 万元，其中技术服务 45 项，收益 621.9 万元，以转让、许可、作价投资方式转化成果 5 项，收益 97.4 万元。金农公司作为院科技成果转化重要平台，实现销售额约 1 700 万元，金农辐照公司作为院科技服务企业，2018 年为省内外药业、食品加工企业等辐照货物 2 535.91 吨，其中辐照中成药 1 873.69 吨，辐照食品 575.29 吨，其他货物（医疗器械、包材）86.86 吨，为农科院下属研究所辐照试验样品、种子等 100 余次。为全省农业增效、农民增收和农村发展作出了积极贡献。

（二十八）云南省农业科学院

1. 机构发展情况

云南省农业科学院可谓百年老店，历史沿革可追溯到 1912 年时民国政府在昆明创办的省农事试验场和在蒙自草坝成立的现代农业试验所，1938 年云南成立稻麦改进所和茶叶改进所，1940 年省农事试验场并入稻麦改进所，1950 年，省政府组建了云南省农业试验站，1958 年西南农业科学研究所与云南省农业试验站合并成立云南省农业科学研究所，1976 年撤销云南省农业科学研究所成立云南省农业科学院。

云南省农业科学院为财政公益性一类全额拨款事业单位，全院下设粮食作物、经济作物、园艺作物、花卉、生物技术与种质资源、农业质量标准与检测、农业资源环境、农业经济与信息、药用植物、农产品加工、国际农业、高山经济植物、热带亚热带经济作物、甘蔗、茶叶、蚕桑蜜蜂、热区生态农业 17 个专业研究所，其中驻昆所 11 个，其他 6 个分布在楚雄、保山、红河、版纳、丽江 5 个州（市）。全院学科发展涵盖了种植业主要农业产业和相关农业科研领域。全院始终紧紧围绕服务"三农"这一根本任务，在事关全局性、关键性、战略性重大农业科技问题的研究和创新中，发挥主力军和排头兵的作用，为我省粮食安全、传统产业提升改造、新兴特色产业培育发展、重要农业生物资源开发利用、农业面源污染治理及生态安全、决战脱贫攻坚、决胜全面建成小康社会作出了重要贡献。

截至 2018 年底，全院在职职工 1 656 人，其中专业技术人员 1 319 人，正高 265 人，副高 435 人，博士、硕士 651 人。国家新世纪百千万人才、科技创新领军人才、国家"万人计划"人才、全国农业科研杰出人才共 8 人；享受国家突出贡献、国务院特殊津贴专家 34 人，享受省突、省贴专家 54 人；省"兴滇人才"奖 1 人，省"万人计划"专项"科技领军人才"和"云岭学者"共 4 人、"产业技术领军人才" 17 人，省级中青年学术技术带头人和技术创新人才（含后备人才）142 人，省委联系专家 23 人。全院有国家农业农村部创新团队 3 个，省级创新团队 15 个。院士专家工作站 12 个，院 44 名专家在全省设立专家基层工作站 52 个。32 名专家担任国家农业产业技术体系岗位科学家和综合试验站站长，49 名专家担任省农业产业技术体系首席科学家和岗位专家。

2. 科研活动及成效

科研课题情况。2018 年全院在研项目 859 项，年度到位经费 16 768 万元；新增项目 374 项，合同经费 16 137 万元；合同经费 200 万元以上新增重点项目 15 项，合同经费 5 737 万元。其中，国家基金项目 26 项获资助，创历史新高。

重要研究进展。① 陶大云研究员（通讯作者）团队作为参与研究单位联合在 *Science* 杂志发表论文，是我院建院以来首次在该杂志发表论文。② 热带亚热带玉米骨干亲本创制及杂种优势研究与利用取得重大突破。率先在国内系统开展热带亚热带玉米种质的引进和创新利用研究，在玉米抗病分子育种关键技术和优质蛋白玉米籽粒硬度的遗传机制方面取得了重大进展，Suwan1 杂种优势的遗传机理研究与利用，为玉米高产育种奠定了基础。③ 低纬高原水稻种子质量控制技术集成创新与示范引领我省水稻种业发展。率先在全国制定出含有色米、米线米、软米、多年生稻、高寒稻等在内的低纬高原稻区特殊稻品种审定标准和雄性不育系田间鉴定办法，提出水稻繁制种指导意见、规程和规范，首次集成了低纬高原水稻种子质量控制技术，从源头上提升和保障种子纯度及优良种性。④ 创新与应用畜禽养殖产品药物残留高效检测及鉴伪技术。研究建立了畜禽产品抗生素现场检测技术、兽药残留未知筛查与定量检测技术，以及基于特异性引物的畜禽肉类荧光定量 PCR、重组酶聚合酶扩增、多重快速 PCR 等掺假鉴定技术，构建了畜禽产品全链条质量安全检测技术体系。⑤ 创新与应用农田氮素减量增容控失技术实现农田氮素流失的综合防控。以氮肥控源减施、土壤增容保氮、提升农田拦截氮素流失能力为目标，揭示了农田土壤碳氮调控机理，明确了不同碳氮含量有机物料对氮素转化的影响，提出用碳素控制农田土壤氮素流失的关键技术，创新集成了拟自然的生态农田构建技术。⑥ 加快农业机械化进程，研发丘陵山地甘蔗生产机械化关键技术与装备。按照山地甘蔗机械化发展模式、机具研发与引进、农机农艺融合、机械化示范的总体思路，突破了机械化关键技术和理论及装备，实现了机械化技术零的突破。系统构建了甘蔗收获机械化技术体系，实现了农机农艺的高度融合，促进了甘蔗机械化收获技术的大面积应用。

科研条件。全院有土地使用权科研试验基地 9 568.81 亩，长期稳定租赁的有 9 356 亩。大部分科研基地建设完成投入使用。其中，嵩明科研基地作为全院的重要基地已建成，并正常运转，院科研综合实验大楼已完成所有配套设施建设，全面投入使用。晋宁宝峰基地、江川九溪基地已基本建设完成，茶叶研究所昆明办公楼已在建设中。全院重要科技创新平台共 92 个，包括国家观赏园艺工程技术研究中心、区域重点实验室、改良分中心、国家资源圃、农业观测实验站和省重点实验室、工程中心等。

科技成果。审（认）定、登记农作物新品种 101 个（国家登记品种 71 个，属往年云南省审定品种）。获专利、植物新品种权 99 件（项）。审定（发布）标准 17 项。发表各类科技论文 675 篇，其中核心期刊 480 篇，SCI/EI 论文 112 篇。18 个作物品种、15 项技术被推介为云南省 2018 年主导品种和主推技术，分别占全省的 32％ 和 34％，其中水果、甘蔗占推介品种的 100％。获省部级以上成果奖 18 项，其中，国家科学技术进步奖二等奖（第 3 合作单位）1 项；省技术发明一等奖 1 项，科技进步一等奖 1 项，科技创新团队奖 1 项，科技进步奖二等奖 3 项，科技进步奖三等奖 11 项。全年开发新产品 39 项，转化知识产权 89 项，其中，拥有自主知识产权并具备产业开发前景的科技产品 22 项，初步投向市场即取得较高认可度。自 2017 年国家开展非主要农作物品种登记以来，截至 2018 年末，我省累计登记品种 144 个，我院作为第一研发单位登记品种 78 个，占我省登记品种的 54.2％。

学科发展。全年学科结构继续优化，在院"十三五"规划确定的六大重点学科群、13 个主要学科领域和 42 个主要研究方向，全力推进学科供给侧结构性改革理念的基础上，进一步按"学科集群—学科领域—研究方向"三级学科体系优化学科建设，凝练和筛选了需要培强的具有相对优势的学科领域、培优的传统特色学科领域、培植的新兴学科领域。依托省科技厅联合基金、科技创新项目及成果示范专项等项目的引导和支持，形成应用基础研究、应用研究和成果转化紧密衔接的研究机制，率先启动甘蔗研究所现代科研院所建设示范、马铃薯和食用油料优势学科团队建设先行先试。

对外合作交流。全年因公出国（境）49 批 123 人次，共接待国外专家来访 56 批 174 人次，赴台 5 人次。云南省农业科技信息辐射中心、面向南亚东南亚国家观赏园艺研发辐射中心、南亚东南亚农业科技辐射中心获省科技厅认定，农业科技辐射中心建设雏形初步形成。国际合作机制日趋完善，成功举办第二届南亚东南亚农业科技创新研讨会、云南越北农业科技合作会议等有影响力的国际会议。4 个稻类品种获国外审（认）定，3 个杧果品种被第二届南亚东南亚农业科技创新研讨会评为优质一、二、三等奖。引进资源 9 183 份，对外提供 154 份，到位科研经费 1 351 万元。南亚东南亚农业科技创新联盟增至 37 家，获外国人来华签证邀请函签发权、出国（境）外汇审批权。云光系列、云瑞系列、云薯系列等优质品种在东南亚国家示范推广 40 余万亩。与南亚、东南亚、西亚国际农业科技合作有了新的突破，国际合作成效进一步彰显，面向南亚东南亚农业科技辐射中心建设有序推进。继续实施发展中国家杰出青年科学家项目，17 名亚非青年科学家到院工作，全院 5 名青年科技人员获国家外专局资助赴国外开展中长期合作研究与培训。

科技扶贫。一是组建院产业扶贫技术团，助力全省扶贫攻坚。由院相关学科团队负责人和骨干共 158 人组成 20 个专家组。有关研究所与贡山县签订蜜蜂、草果、食用菌产业发展合作协议；与泸水县签订特色生物产业发展合作协议，启动草果、羊肚菌、魔芋等产业扶贫项目的实施；在贡山县独龙江乡开展滇重楼、草果种植示范；在会泽县田坝乡开展果蔬、饲料用玉米、庭院经济作物种植示范；在永平县杉阳镇建成杧果种植示范基地；致力滇西产业扶贫与乡村振兴，与多家企业签订科技合作协议。二是落实帮扶责任，扎实推进院级挂联点精准脱贫。召开景谷县贫困退出问题清单认领暨"景谷县脱贫攻坚百日冲刺"行动部署会，举全院之力助推景谷县顺南村如期脱贫；打造粮经作物高产高效示范样板和实现全村良种全覆盖；开展科技培训10余次，培训农民及基层农技人员1 700余人次；大力扶持发展村集体经济，继续推进实施爱心茶园工程，重点实施顺南村、文折村生态茶园的改造提升工作；全院职工向挂钩扶贫村捐款26万元，助力景谷县整县脱贫摘帽。

科技成果转化推广。全年完成示范应用面积2 427万亩，新增产值20亿元以上；培训基层农技人员及农民10.3万人次；推广新品种125个、实用技术120项；服务和培育专业合作社45个。大力开展"极量、极值、极效"核心示范，部署核心示范点60个，其中院级重点打造15个点，面积3 000亩，示范效果突出。在昭通开展"云薯系列"马铃薯新品种和种薯繁育技术展示，"云薯505"种薯繁育亩产达3.9吨，亩增产超1吨；在剑川开展国内第一个富锌薯片加工型马铃薯新品种"云薯304"种薯繁育示范，亩产2.95吨；在砚山开展的小米辣新品种"晶翠"核心示范亩产达3.5吨，亩产超对照1.5吨以上；在个旧开展的水稻精确定量栽培技术再创高产纪录，亩产达1 152.3千克，刷新百亩高产世界纪录；在盈江开展的云蔗新品种超高产攻关示范，单产15.022吨/亩，超过勐海蔗区再创新纪录。参加南博会、农博会等大型展会及推介会，大力宣传推介全院的新品种、新技术、新成果，社会影响不断扩大。

"云薯系列"马铃薯新品种和种薯繁育技术展示

小米辣新品种"晶翠"核心示范

探索出"爱心茶园"扶贫新模式

现代化设施及标准化种植实现花卉高亩产

（二十九）西藏自治区农牧科学院

西藏自治区农牧科学院成立于 1980 年，其前身为拉萨农业试验场。经过 60 多年的发展，已建成 8 个研究所，形成九大学科集群、32 个创新团队、56 个研究领域、225 个研究方向，拥有省部共建国家重点实验室 1 个、国家农业科技园区 1 个，国家农作物改良中心 1 个，国家科技基础条件子平台 5 个，农业农村部重点实验室 2 个、野外科学观测站 3 个，农业农村部现代农业产业技术体系岗位 4 个、综合试验站 14 个。

我院立足西藏农牧业资源优势，凝心聚力贯彻落实全面建成小康社会目标和中央第六次西藏工作座谈会精神，紧紧围绕自治区党委政府的中心工作和农牧业发展重点任务，把推动农牧业增效、农牧民增收、农牧区增绿作为科技创新主攻方向，大力推进农牧业科技创新、成果转化、技术示范和科技服务等各项工作，为科技助推乡村振兴提供强有力的科技支撑。2018 年度共落实各类项目 208 项，基建项目 39 项，科技项目 169 项，项目经费总计 22 676.51 万元。本年度取得成果 20 项，获省部级奖励 5 项；申请专利 47 项，获得发明专利 6 项，实用性专利 40 项，软件著作权 1 项。

我院秉承"将论文写在大地上，把成果留在百姓家"的理念，长期致力于青稞增产、牦牛育肥、藏羊品种选育、热带果树品种引进、人工种草、农产品加工等与精准扶贫产业发展和特色农牧业产业兴旺相关的科技创新、技术集成和示范推广应用。青稞领域建立了青稞抗旱代谢数据库 1 个，开展了青稞抗旱群体体重测序、转录组测序以及青稞抗旱候选基因的筛选。"冬青 18 号"高产稳产栽培技术集成示范 7.6 万亩，平均亩产 364.5 千克，较春青稞平均亩增产 21 千克，同时复种箭筈豌豆、元根等饲草饲料 5.2 万亩，达到了增粮产草、培肥地力的效果；全力以赴完成仁布、白朗等 5 个县 23 万亩"喜马拉 22 号"示范推广技术指导服务工作，平均亩产达 357 千克，确保青稞增产目标的实现。牦牛藏羊领域完成了牦牛基因组物理图谱组装、注释等所有信息分析工作，得到了目前为止所有哺乳动物中组装最为优质的牦牛基因组精细物理图谱，培育并审定了"类乌齐牦牛"和"象雄半细毛羊"两个新品种。热带果树领域筛选出适宜西藏种植的咖啡、澳洲坚果、荔枝、龙眼、菠萝、火龙果、台湾青枣等 19 种 55 个品种，引进了"福选 9 号""福选 10 号"2 个优良茶树品种。人工种草领域开展了嵩草基因组测定及藏北嵩草、高山嵩草转录组测定，引进牧草品种 57 个，在农区和半农半牧区优质牧草高效种植技术示范 3 100 亩。农产品加工领域研制出了 122 种具有科技含量的农畜产品，青稞啤酒、曲奇饼干、青稞酵素、青稞洁净糌粑等技术已转化应用。

我院坚持西藏农牧科技"引进来"和"走出去"战略，切实提高本单位科研影响力和科研水平，通过多种形式加强对外合作交流。2018 年 6 月，农业农村部渔业渔政管理局与西藏农口院士专家工作站管理办公室、西藏自治区农牧科学院水产科学研究所（建站单位）共同签订了 5 年援藏合作规划书。成功召开了西藏自治区科技助推乡村振兴战略规划编制咨询研讨会、高原草地与畜牧业可持续发展中澳科技合作项目研讨会、藏羊选育与健康养殖培训会暨藏羊产业发展研讨会、第十一届全国系统动物营养学发展论坛，举办了中国·西藏水产科技论坛暨西藏重大专项汇报会、西藏"苜蓿引种试验"现场会暨苜蓿产业发展交流会。加强"一带一路"农牧科技国际合作交流，顺利完成西藏农牧科技援助尼泊尔项目立项，派遣科技人员赴尼泊尔开展科技合作与交流。

我院第七批驻村工作队紧紧围绕自治区党委、政府的决策部署和中心工作，紧紧围绕"七项重点任务"，落实农牧区基础设施建设、农技推广、产业发展和民生改善类项目，示范推广农牧业先进实用技术，为农牧民提供全方位技术服务，强力助推当地精准脱贫工作，助推农牧业增效和农牧民增收，有力地促进农牧区经济社会发展与和谐稳定。

自治区坚参副主席视察我院试验基地

自治区孟晓林副主席调研那曲聂荣县嘎确牧场查吾拉牦牛选育基地

农产品开发与食品科学研究所王凤忠所长、张玉红与白朗县康桑农产品公司总经理扎西顿珠签订合作协议

（三十）陕西省农林科学院

1. 机构发展情况

1999 年，经国务院批准，由原西北农业大学、西北林学院、陕西省农业科学院、陕西省林业科学院等 7 所科教单位合并组建西北农林科技大学。2002 年，陕西省人民政府发文在西北农林科技大学加挂"陕西省农林科学院"牌子，履行陕西省农林科学院相关职能。

西北农林科技大学（陕西省农林科学院）地处中华农耕文明发祥地、国家级农业高新技术产业示范区——陕西杨凌，教育部直属、国家"985 工程"和"211 工程"重点建设高校，国家首批"世界一流大学和一流学科"建设高校。学校承担陕西省农林科学院职责，始终紧扣"三农"发展主题，坚持走产学研紧密结合的办学道路，已从以农为主的单科性大学发展为目前以农为特色、多学科协调发展的全国重点大学。

2. 科研活动及成效情况

（1）学科发展

有 7 个国家重点学科和 2 个国家重点（培育）学科；农业科学居 US.NEWS 学科排名全球第 18 位；农业科学学科领域进入 ESI 全球学科排名前 1‰之列，农业科学、植物学与动物学、工程学、环境科学与生态学、化学、生物学与生物化学 6 个学科领域进入 ESI 全球学科排名前 1% 之列。

（2）科研条件

现有各类科研基地 81 个。其中国家重点实验室 2 个，国家工程实验室 1 个，国家工程技术研究中心 3 个，国家野外科学观测研究站 3 个，省部重点实验室及工程技术研究中心等 72 个（人文社科基地 4 个）。仪器设备总值 12.36 亿元。

（3）科研项目

获批国家重点研发计划项目 5 项，其中重点专项 3 项，政府间国际科技合作专项 2 项。获批国家自然科学基金项目 181 项，其中优青项目 1 项，青年项目 69 项，面上项目 105 项。获批其他项目 500 余项。到位科技总经费 7.66 亿元。

（4）科技成果

审定、鉴定植物林木新品种 32 个，其中"西农 511"小麦新品种通过国家审定，省级审定农作物品种 13 个。获得国家授权专利 204 件，其中发明专利 95 件。荣获国家科技进

步二等奖 2 项，其中主持 1 项；陕西省科学技术一等奖 2 项，二等奖 5 项。被 SCI、EI、SSCI 收录学术论文 3 623 篇，其中第一完成单位 2 814 篇。

黄丽丽教授主持完成的"苹果树腐烂病致灾机理及其防控关键技术研发与应用"荣获国家科技进步二等奖

组织 2 000 余名师生对陕西、甘肃、青海、宁夏[①]、新疆和内蒙古[②]（除东四盟）西北六省区及西藏自治区 7 个省区的 65 个地级市，345 个县级行政区划单位，31 388 个行政村开展了西北乡村类型与特征调查。根据调查结果，将西北六省区及西藏自治区的乡村分为 11 个类型，为国家及西北各省市乡村振兴规划设计和实施路径的选择提供了理论依据和数据支撑。

作为中国唯一参与并承担实质性研究工作的单位，参与完成了世界上首个六倍体小麦基因组图谱中 7DL 染色体物理图谱构建及序列破译工作。

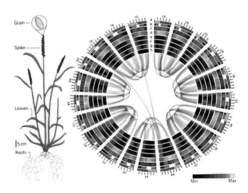

宋卫宁教授参与完成的世界上首个六倍体小麦基因组图谱

（5）推广转化

申报各类推广项目 392 项，获批 282 项。到位推广经费 15 792.94 万元。举办、参与各类成果和技术推介、观摩会 20 余场次，推介科技成果 1 000 余项。签订技术转让合同 15 项，到账金额 823 万元。"西农 511"小麦新品种生产经营权以 455 万元转让，创西北农林科技大学单个技术转让金额历史新高。

（6）科技扶贫

组建"三团一队"（书记帮镇助力团、专家教授助力团、科技镇长团和优秀人才先锋服

---

① 宁夏为宁夏回族自治区的简称，全书同

② 内蒙古为内蒙古自治区的简称，全书同

务队），整县域推进定点扶贫工作。围绕合阳县优势产业建立产业示范基地，吸纳贫困户通过发展特色产业脱贫。依托合阳葡萄试验示范站，按照"1+10+10+N"科技帮扶模式，构建了"政府＋大学＋产业园（合作社）＋贫困户"的产业脱贫路径。开展各类培训 60 余场次，培训群众 7 800 余人次。

（7）对外交流

在塞尔维亚诺维萨德成功举办 2018 年丝绸之路农业教育科技创新论坛，召开第三届联盟理事会，吸纳了 4 家新成员单位加入丝绸之路农业教育科技创新联盟，新增了丝绸之路生物健康农业产业联盟、丝绸之路葡萄酒科技创新联盟暨丝绸之路葡萄酒研究院和丝绸之路多功能循环农业与生物资源循环科技创新联盟 3 个子联盟。目前，联盟共有来自 14 个国家的 76 家科研和教学单位。在吉尔吉斯斯坦、哈萨克斯坦建立了 4 个农业科技示范园。

（三十一）甘肃省农业科学院

2018 年是甘肃省农业科学院建院 80 周年，一年来，在甘肃省委省政府的正确领导下，院党委、院行政领导班子团结带领全院广大职工，坚持以习近平新时代中国特色社会主义思想为指导，全面贯彻党的十九大精神，深入实施乡村振兴战略，积极投身脱贫攻坚主战场，加强科技创新，加大科技服务，加速人才培养，加强管理服务，各项工作迈上新的台阶、取得了显著成效。

在建院 80 周年之际，甘肃省委书记林铎、省长唐仁健对我院建院 80 周年分别作出批示，对农业科技工作提出新的要求，极大鼓舞了全院广大科技人员的士气。在有关部门的帮助支持下，成功举办了中国农业科技管理研究会领导科学工作委员会 2018 年年会暨农业绿色发展论坛，显著提升了我院的对外影响力，翻开了事业发展的新篇章。

1. 机构发展情况

甘肃省农业科学院目前内设 7 个职能处室，下设 13 个二级法人的研究所，另设有后勤服务中心、张掖节水农业试验站、黄羊麦类作物育种试验站、榆中高寒农业试验站。全院现有在职职工 867 人，其中有硕、博士 290 人，高级专业技术人才 288 人。入选国家"新世纪百千万人才工程"3 人、国家级优秀专家 3 人、省优秀专家 12 人、省领军人才 39 人；享受国务院特殊津贴专家有 37 人、省科技功臣 2 人、陇人骄子 2 人、国家现代农业产业技术体系首席科学家 1 人；全国专业技术人才先进集体 1 个、现代农业产业技术体系岗位科学家 13 人、综合试验站站长 14 人、农业农村部农业科研杰出人才 1 人、农业农村部农业科研创新团队 1 个、省宣传文化系统"四个一批"人才 1 人、省属科研院所学科带头人 5 人、博士生导师 8 人、硕士生导师 42 人。

2. 2018 年度科研活动及成效情况

科研立项再创新高。2018 年，全院共组织申报各类项目 410 余项，新上项目 285 项，合同经费 1.5 亿元，到位经费 1.3 亿元，分别较上年增长 25% 和 31%，均创历史新高。

科技创新成果丰硕。2018 年共获各类科技成果奖励 11 项，其中，一等奖 3 项、二等奖 6 项、三等奖 2 项。在科技进步奖、专利奖、社科奖三个方面各获一等奖 1 项。组织验收项目 103 项，完成省级科技成果登记 48 项，通过国家和省级主管部门审定（认定）品种 43

个。获授权国家发明专利 7 项、实用新型专利 27 项，获计算机软件著作权 3 项、植物新品种保护权 1 项；颁布实施技术标准 15 项；在各类期刊发表学术论文 413 篇，较上年增长 26.7%。

节水灌溉与保护性耕作

项目执行进展良好。2018 年，全院共承担各类项目 479 项，投入科研经费 6 300 余万元，布设各类试验 2 230 项，在研项目取得了明显进展。一是推进甘肃省名特优农畜产品标识和智慧农业大数据平台建设；二是加强种质资源与新品种选育研究，育成小麦、玉米、马铃薯、谷子、春油菜、胡麻、棉花等作物新品种，以及辣椒、西瓜、花椒等果蔬新品种，在生产应用中表现突出；三是加强农业新技术研发与示范，为农业提质增效提供了支撑；四是加强农业新产品研发，开发出苹果玫瑰醋饮料及 5 个藜麦系列产品，研发出生物有机肥料和沙福地菌剂等科技新产品；五是智库咨询服务全面开展，第二部省级农业科技绿皮书《甘肃农业绿色发展研究报告》已出版发行。同时，围绕全省中东部旱情趋势、戈壁农业、控制氮肥用量等主题，以《甘肃农业科技智库要报》形式向省委省政府等报送咨询建议 5 份，全年各类意见建议获省领导批复 12 份次。

科研平台建设稳步推进。全年投入科研条件建设经费 3 400 万元，新增各类科研仪器设备及农机具 198 台（套），购置大型仪器设备 77 台（套）。科研平台显著改善，试验基地建设稳步推进，田间观测能力有了较大提升，科研保障能力显著提升。

科技扶贫深入推进。选派科技干部在帮扶村驻村帮扶，通过访农户、摸详情、传技术、找市场、跑项目，完成了"一户一策"和脱贫攻坚 3 年计划的制定与落实，帮扶村建档立卡贫困人口年度减少 564 人（145 户），贫困发生率由 2017 年的 24.97% 下降到 16.73%，完成了当年的脱贫任务。同时，积极开展 23 个深度贫困县科技帮扶，根据当地农业生产实际，先期设立了 12 个深度贫困县（区）科技示范专项，建立科技示范基地 17 个，示范面积 5 000 多亩，向 19 个贫困村派出科技小分队开展巡回技术咨询指导，带动发展专业合作社 11 个，开展培训 45 场次，培训农民 3 100 余人次，带动 60 户贫困户脱贫增收。以"三百"行动等为载体，按照"讲给农民听、做给农民看、带着农民干、引着农民富"的思路，采取"请进城"和"田间课堂"的方式广泛开展技能培训和技术指导，有效提升了贫困村农民的科技素质。

当归麻口病综合防控技术研究与示范

大豆不同间套作带状复合种植核心展示

（三十二）青海省农林科学院

1．机构发展情况

青海省农林科学院始建于1951年5月，2000年11月，整建制划归青海大学，实行青海大学领导下的二级研究院管理体制；设有作物育种栽培、植物保护、园艺、土壤肥料、林业、春油菜、生物技术、野生植物资源8个专业研究所；具有一级博士学位授权点1个，二级学科硕士学位授权点3个。

现有在职职工213人，专业技术人员182人，硕士以上人员占比达57%，高级职称以上人员占比达58%。目前有6人享受国务院政府特殊津贴专家；1人入选国家"万人计划"青年拔尖人才；3人获批全国优秀科技工作者；1人入选国家百千万人才工程有突出贡献中青年专家；4人入选青海省"135高层次人才培养工程"；24人获批青海省自然学科与工程技术学科带头人；13人入选青海省"高端创新人才千人计划"；并有青海省优秀专家4人，青海省优秀专业技术人才5人，青海省"人才小高地"团队2个。柔性引进"昆仑学者"2人，并有教学科研团队23个，国家农业产业体系岗位专家4人，青海省农业科技创新平台首席专家4人。

2．科研活动及成效情况

（1）科学研究

2018年度我院紧紧围绕现代农林业发展的重大科技需求，全年新获批立项33项，其中国家自然基金3项，国家重点研发专项9项，省科技厅等省部级项目21项。在基础研究方面，对春油菜橘红花色基因、多室基因等基因定位与功能方面进行了有效探索，为深入解析春油菜遗传机理奠定了良好基础。发现了黑果枸杞中白色果实花青素合成阻断机理，明确了高原环境对枸杞黄酮和类胡萝卜素合成的促进作用。首次报道了青稞化感物质，明确了青稞化感作用机理，为青稞育种和植物源农药等领域的研究提供了理论基础。应用研究方面，"青海省特色蔬菜系列新品种选育及标准化技术应用推广"项目，

青线椒1号线辣椒

特早熟甘蓝型油菜青杂 4 号示范

选育出青海主栽蔬菜新品种 13 个，改良了循化线辣椒等特色品种性状，建立了自育品种的标准化栽培技术体系，推动了青海省蔬菜产业的提质增效，荣获 2018 年青海省科技进步二等奖。特早熟甘蓝型杂交油菜"青杂 4 号"在海拔 2 900~3 000 米的海北州门源县和海拔 3 100~3 200 米的海南州共和盆地等区域示范成功，亩产较白菜型油菜增产 30% 以上，含油率比白菜型油菜高出 3~5 个百分点，为加快在青海省白菜型油菜主产区推广应用早熟优质甘蓝型油菜提供了技术支撑。"高产抗旱马铃薯新品种青薯 9 号"项目，筛选出 20 个抗旱抗病丰产优质的亲本用于新品种选育，形成"青薯 9 号"高效低成本种薯技术，用种成本降低 30%，在全国建立了"科企合作、核心种苗一体提供、新品种集中授权"的推广应用模式，为实现农业增效、农民增收发挥了强有力的科技支撑作用。

（2）科研条件

获批我省首个"青海高原林木遗传育种国家林业局重点实验室"。在农产品质量安全与检测技术方面，被认定为"全国名特优新农产品营养品质评价鉴定机构"和"全国农产品质量安全科普示范基地"。在 2016 年、2017 年基础条件及能力提升建设基础上，获批青海高原林木遗传育种实验室和蔬菜遗传改良建设项目 2 项；获批"高原油菜马铃薯良种创制国家地方联合工程研究中心创新能力建设项目"。

（3）科技成果

2018 年荣获青海省科技进步二等奖 1 项，第二届全国沙产业创新创业大赛三等奖 1 项；获得植物新品种权 3 项，专利授权 5 项，软件著作权 2 个；出版专著 1 部；发表 SCI 论文 12 篇。荣获青海省自然科学优秀学术论文奖 5 篇，其中一等奖 1 篇，二等奖 2 篇，三等奖 2 篇，连续三届高比例获此奖项。

（4）对外合作交流

我院被科技部命名为"国家引才引智示范基地"（农业与乡村振兴类）。持续扩大引智项目成果，智利国家农业研究院与我院签订的"青海—智利马铃薯新品种育种项目"完成资源引进 20 份，开展互访交流 23 人次，就下一步合作达成共识并签订了"引进马铃薯品种资源备忘录"。获批 7 项引智、出国培训等项目，其中成果示范项目 4 项。与山西省农业科学院签署科技合作协议，推进与上海市农业科学院的科技合作，助推我院科技创新能力提升和青海省现代农业发展。

（5）科技扶贫

以精准帮扶为目的，以内生动力为根本，依托我院自身的科研优势、人才优势，多次与村两委探讨鸡苗养殖及设施建设；组织专家调研，为杜家洼自主大规模种植杏树撰写可行性报告；继续推进玫瑰花、杏树种植项目；无偿援助春耕物资，资助青

青藜 2 号示范田

薯 9 号原种 15 500 千克，小麦阿勃原种 3 500 千克，"青杂 11 号" 24 袋（400 克／袋），专用肥 6 300 千克，推进杜家洼村种植产业结构调整和品种结构优化，为农民增收、切实打赢精准脱贫攻坚战打下良好基础。

（6）科技成果转化

借助青海省农牧业五大科技创新平台和青海昆仑种业集团公司的转化机制，转化推广春油菜、马铃薯、蔬菜、蚕豆、麦类主导品种 54 个，推广技术 36 项，累计推广面积 1 360 万亩，覆盖我省 80% 以上的农业区。新品种推广方面，在青海、甘肃、内蒙古等省区建立青杂系列春油菜新品种制种和示范基地 14 400 亩，推广种植 462 万亩；优良品种 "青薯 9 号" 在全省推广种植 40 余万亩，省外辐射推广 700 余万亩，平均每亩增产 150 千克，有望成为全国推广应用的我省知名品种；青稞品种 "昆仑 14 号" "昆仑 15 号" 推广种植面积 45 余万亩，并在甘肃、四川、新疆等地进一步扩大了种植，促进了青稞种植户增产增收；选育出适合蚕豆机械化生产的蚕豆品种（系）2 个，进一步提高了生产效率。新技术示范方面，研制饲草、青稞、枸杞等 4 个配方肥，在平安、贵德、乌兰等 5 个示范县进行麦后复种绿肥、枸杞（果园）间作绿肥、禾豆混播技术示范面积 6 000 多亩，取得了良好的示范效果；围绕农药减量目标，在湟中、共和累积开展麦田杂草防控技术示范推广 35 万亩。生态保护方面，在海西、海南、海东和西宁周边等地开展枸杞、茶藨子、美国稠李、核桃及沙棘等生态经济林良种繁育与示范推广，为青海的生态建设和绿色发展添砖加瓦。

（三十三）宁夏回族自治区农林科学院

1. 机构发展情况

（1）机构编制

宁夏农林科学院设 7 个职能处（室）及机关党委、11 个公益性研究机构。另外，还有 4 个国有独资企业，2 个股份制企业及院服务中心。

7 个职能处（室）分别为办公室、科研处、科技成果转化与推广处、对外科技合作与交流处、人事处、计划财务处、离退休职工服务处。

11 个公益性研究机构分别为宁夏农林科学院动物科学研究所、宁夏农林科学院枸杞工程技术研究所、宁夏农林科学院荒漠化治理研究所、宁夏农林科学院农业生物技术研究中心、宁夏农林科学院农业经济与信息技术研究所、宁夏农林科学院植物保护研究所、宁夏农产品质量标准与检测技术研究所、宁夏农林科学院种质资源研究所、宁夏农林科学院农业资源与环境研究所、宁夏农林科学院农作物研究所、宁夏农林科学院固原分院。

全院共核定全额预算事业编制 503 名，其中机关 50 名，事业单位 453 名。核定正厅级干部职数 2 名，副厅级干部职数 4 名；机关正处级干部职数 7 名，副处级干部职数 12 名；正科级干部职数 4 名。院属事业单位正处级干部职数 12 名，副处级干部职数 24 名；内设科级机构 63 个；正科级领导干部职数 63 名、副科级干部职数 69 名。

2 个股份制企业分别为宁夏农林科学院枸杞研究所（有限公司）、宁夏农林科学院畜牧兽医研究所（有限公司）。

4 个国有独资企业分别为宁夏科泰种业有限公司、宁夏森灏园艺旅游开发有限公司、宁夏科源农业综合开发有限公司、宁夏科苑农业高新技术开发有限责任公司。

院服务中心参照事业单位管理。

（2）干部配备及人员情况

①干部配备情况

目前，全院事业单位配备厅级干部 4 人，其中正厅级 2 名；处级干部 54 人，其中正处级干部 18 人，副处级干部 36 人；科级干部 117 人，其中正科级干部 58 人，副科级干部 59 人。

②人员基本情况

全院共有职工 2 040 人，其中，在职职工 844 人、离退休职工 1 196 人。在职职工中，事业单位 487 人，转制科技企业 326 人，服务中心 31 人。

事业编制人员中，有正高级职称 100 人，其中正高二级 10 人；副高职称 170 人；博士 31 人，硕士 260 人；入选"百千万人才工程"5 人，自治区"313 人才工程"20 人，自治区国内引才"312 计划"6 人，自治区"塞上英才"2 人；享受国务院、自治区政府特殊津贴专家 18 人；院一、二级学科带头人 36 人；自治区特色产业首席专家 9 人；高校特聘研究生导师 15 人。

2. 科研活动及成效情况

（1）强化科技攻关，创新成果不断涌现

今年共取得科技成果 48 项，获环境保护科学技术奖二等奖 1 项，自治区科技进步奖三等奖 11 项（第一完成单位 7 项）；审定自治区农作物品种 10 个，获植物新品种权 6 个，登记非主要农作物品种 9 个；6 项畜禽功能性饲料获自治区新产品认证，申请专利 137 件，授权专利 62 件（其中发明专利 7 件）、软件著作权 14 件，25 项地方标准通过审核；出版专著 6 部，发表论文 275 篇（其中 SCI 收录 8 篇、EI 收录 3 篇），影响因子最高达 8.228。

2018 年共组织申报国家及自治区各类项目 241 项，获批项目 91 项，其中国家级项目（课题）23 项。到位科研项目经费 8 433 万元。在基础和应用基础研究方面，重点围绕自治区优势特色产业发展的重大科学问题、国际国内科技前沿和未来科技发展趋势，组织实施好相关项目，力争在枸杞基因组学、代谢组学、功能成分以及新型内酰胺类抗生素等领域实现重大基础理论问题突破，抢占科学发展制高点。在特色产业关键技术攻关方面，重点围绕自治区"1+4"特色优势产业发展的瓶颈制约和技术短板，坚持"特色立农、质量兴农、品牌强农"，产学研协同创新，着力实施重大科技攻关项目，支撑我区农业特色产业高质量发展。在助推生态立区战略实施方面，重点围绕"青山""绿水""一控两减三基本"，建立宁南山区脆弱生态系统恢复及可持续经营技术体系，开展农业面源污染减控技术研究，突破生物农药和先进施药技术，推进农业绿色发展和生态保护与修复。

（2）加速成果转化，创新成效不断显现

聚焦科技成果向现实生产力转化，重点围绕 6 个院地合作、35 个院企合作基地，加大科技成果转化力度。建立核心示范区 10 余万亩；主动向产业部门推介最新技术成果 80 项，其中 43 项被选为自治区主导品种和主推技术在全区示范推广；依托宁夏技术市场展示推介我院最新技术成果 11 项，转让收益 476 万元，实现了科技成果与市场经济的有机结合。

（3）夯实科研基础，创新实力不断提升

建院 60 年来，经过几代科技人员的不懈努力，已建立起了具有明显区域特色和一定优势、能够基本适应和满足全区农业及农村经济发展的农业科技创新体系，形成了农作物育种与栽培、农业生物技术、枸杞等十二大学科 41 个研究领域，组建了国家及部委批准建立的

保墒旱直播栽培的宁粳48号在平罗百亩连片示范，经机械实收测产连续4年亩产突破800千克，创宁夏直播水稻产量新高

新型高效可升降折叠式双翼防风枸杞专用植保机械

重点实验室（工程中心）、质量检测中心等6个，设立有国家现代农业产业技术体系综合试验站14个、农业部科学观测实验站3个、自治区重点实验室（中心）13个、自治区院士工作站6个、院地合作共建试验示范基地6个，科研功能和创新体系更加完善。

（4）加强开放办院，不断探索创新途径

加大与大院大所的合作力度，落实好"科技支宁"工作，不断推进东西部合作，做好"闽—宁"对口科技帮扶工作，不断拓展国际科技合作新渠道，主动参与"丝绸之路"沿线国家科技合作活动。实施各类对外合作项目50余项，引进3名外籍专家进入我院工作，获批"外国专家工作室"。

（5）抓实科技服务，打造脱贫示范样板

突出科技支撑引领。重点组织实施《宁夏农林科学院乡村振兴科技支撑行动落实方案》，打造30个左右农业产业特色鲜明、技术应用效益显著、辐射带动有力的科技引领示范村（镇），加快优新品种、技术和模式的转化落地，着力开拓科技支撑乡村振兴新局面。突出对口帮扶责任。重点抓好彭阳县产业扶贫技术帮扶工作、彭阳县古城镇丁岗堡村定点对口扶贫工作和海原县关庄乡窑儿村产业帮扶工作，加大产业帮扶力度，助推农民增产增收。突出科技扶贫特色。重点围绕固原市"四个一"工程开展科技服务，积极推进西吉县30个深度贫困村科技扶贫指导员工作，落实好83名"三区"人才工作，组织实施好"科技支宁"科技扶贫专项，在深度贫困地区开展先进适用产业技术引进熟化与集成示范，助力打赢脱贫攻坚战。

自走式枸杞采摘机

无人机小麦低毒高效病虫草防控技术

（三十四）新疆维吾尔自治区农业科学院

1．机构情况

新疆农业科学院前身可追溯到 1955 年的新疆农林牧科学研究所；1964 年更名为新疆农业科学院至今。全院拥有 17 个专业研究所（中心），10 个试验场站，已发展成为学科较为齐全的综合性农业科研机构。截至 2018 年底，本院有在职职工 953 人，专业技术人员 834 人，占在职职工总数的 88％；博士 71 人，占在职职工总数的 8.5％，硕士 364 人，占43.6％。全院离退休 1 103 人。

2．科研活动及成效情况

（1）科研创新取得新成果

2018 年共执行各类科技计划项目 663 项，新上项目 258 项，国拨合同总经费 1.4916 亿元。完成科技成果登记 19 项；国家登记品种 14 个，自治区审（认）定品种 17 个，5 个品种获农业农村部颁发的植物新品种权证书；获授权专利 62 件，发表学术论文 236 篇，SCI/EI 收录 32 篇，参编专著 17 部；获新疆维吾尔自治区科技进步奖 12 项；获质监局颁布的地方标准 49 个。《新疆农业科学》再次入编《中文核心期刊要目总览》，获 2018 年中国高校百佳科技期刊。

农作物育种取得新进展。"新春 48 号"中筋春小麦新品种，产量性状表现突出；"新玉47 号"在宁夏、甘肃、内蒙古、陕西 4 省区同时引种备案；筛选出 5 个表现优良的玉米 DH（双单倍体自交）系；克隆出 40 多个与纤维发育的候选基因；创制向日葵抗 G 型（生理小

稻水象甲专性白僵菌的应用

新玉 47 号

种）列当新材料，筛选出抗列当新品种 3 个；建立快速鉴定番茄基因功能的模式材料；完成甜瓜自然群体及黄化突变体群体光合色素含量测定和基因测序；利用转录组、代谢组学技术开展红枣、核桃、葡萄、扁桃等新疆特色果树应用基础研究，挖掘抗逆、品质等重要性状基因。农业生产技术研究取得新进展。分析鉴定出 3 种活性挥发物含量与绿盲蝽成虫对寄主的选择偏好，阐明虫树间的化学通讯机制；明确稻水象甲各虫态的空间分布、田间扩散和迁飞的关键环境因子；开展滴灌小麦无人机低空遥感的氮营养诊断研究，初步建立小麦各生育期的氮素丰缺诊断模型；研发出可显著降低鲜食葡萄、杏干、红枣等果蔬采后贮期病害发生的小分子气体精准熏蒸技术；系统构建新疆生鲜乳及液态奶制品质量安全风险因子数据库；集成非耕地设施高产栽培、病虫害绿色防控、精量水肥一体化及轻简化环境调控装备技术。

（2）科研设施及条件建设情况

经过评估，我院进入农业农村部重点实验室（站）的数量达到 10 个，并全部顺利进入农业农村部"十三五"建设名单。中央投资建设的"新疆维吾尔自治区国家农作物品种测试站项目"稳步推进；中央引导地方科技发展专项"全国名特优新农产品营养品质评价鉴定机构""全国农产品质量安全科普示范基地""中绿华夏农业有机研究院新疆分院"获批；推进"新疆智慧农业工程研究中心""新疆农村经济大数据工程研究中心""新疆农业农村大数据平台""新疆农业监测预警平台"建设。

（3）对外合作交流

紧紧围绕国家"一带一路"倡议和科技创新行动计划，新上国际合作项目 21 项，到位经费 665 万。引进种质资源 1 086 份，新签订合作备忘录和协议 13 份，完成"中亚农业资源重点开放实验室一期"建设，启动"中亚农业有害生物绿色防控联合实验室"和"中塔农业联合研究中心"建设。完成吉尔吉斯斯坦野核桃林资源信息管理系统开发及专题报告编写。

（4）科技扶贫

制定疏勒县库木西力克乡吾其村定点扶贫工作方案，推进脱贫攻坚。制定和落实 203 家贫困户和脱贫巩固户"一户一策"精准扶贫措施，实行结对认亲全覆盖，建立院包村、所（处室）包组、人包户的"三包"工作机制，全村基础设施条件显著改善，完成土炕改造、厕所革命、庭院分区、土地整理等工作，"三新"活动正在全村普及推广，村民生活条件明显改善。发挥我院科技优势，推进制种村、科技小院建设；整村推进"1+N"庭院经济模式，推进蔬菜产业发展，81 家贫困户种植蔬菜亩均收益 3 000 元以上，新疆日报对我院庭院经济带动脱贫攻坚的做法进行了专题报道。

（5）科技成果转化推广

全年获批各级各类示范推广项目 38 项，总经费 3 452.16 万元，示范推广各类作物品种

（系）130 个，其中万亩以上品种 33 个，合计 2 026.51 万亩；示范推广各作物综合或单项栽培技术 88 项，合计 1 889.30 万亩；推广独立式拱棚 1 万余座、新机具新装备 120 台套；举办各类培训班、观摩会、培训会等 2 296 场次，培训基层专业技术人员和农民 24.58 万人次，发放各类技术资料 13.14 万份。

加工番茄田间生长情况

核桃小麦地面灌双系统水肥科学管理技术

（三十五）新疆维吾尔自治区农垦科学院

1. 机构发展情况

新疆农垦科学院是兵团（新疆生产建设兵团的简称，余同）直属的以农为主的综合性科研单位，创建于 1950 年，前身是新疆军区和二十二兵团建立的农业试验场。1959 年，兵团以农业试验场为基础成立农林牧科学研究所。1969 年，农科所在文革中解散，1979 年恢复后改称新疆农垦科学研究院，1983 年更名为新疆农垦科学院。新疆农垦科学院现有机关处室 9 个，有作物、畜牧兽医、机械装备、棉花（植保）、林园、农田水利与土壤肥料、农产品加工、科技信息、生物技术、分析测试 10 个研究所（中心）和《新疆农垦科技》《绿洲农业科学与工程》2 个编辑部，院下属 1 个试验农场和农业新技术推广服务中心、新疆科神农业装备科技开发股份有限公司等 22 家国有和国有控股科技企业，其中新三板上市企业 1 家。

2. 科研活动及成效情况

2018 年获批科研项目 35 项，到位经费 6 505 万元。其中国家科技计划项目 2 449 万元；兵团科技计划专项经费 4 055 万元。组织验收科研项目 80 项。获国家专利授权 52 项，出版专著 7 部，发表科技论文 149 篇。获兵团科技进步奖二等奖 4 项、三等奖 2 项。审定农作物新品种 7 个。

2018 年落实"三区"科技人才专项，选派 100 多位科技专家，组成 31 个科技特派员"专家服务团队"，分赴兵团近 30 多个团场和伊犁、塔城、昌吉、南疆三地州的部分深度贫困村（重点是 44 团、54 团、2 团、38 团、柯坪县 1 村、墨玉县 2 村）开展科技服务 783 人次，推广先进实用科技成果 55 项，推广面积达 400 万亩。

2018 年制定实施《新疆农垦科学院促进成果转化实施办法（试行）》，推动科技成果向现实生产力转化，对院研究所（中心）通过开展科技成果转化、技术服务等累计取得的成果转化净收益，按程序完成首批科技服务净收益分配，确保国家政策在我院落地，已落实 4 批发放，累计发放 400 万元，充分激发科研人员从事科技创新、成果转化、科技服务的热情。

200 马力以上拖拉机配套犁关键技术及制造工艺的研发与应用

长期以来，国产大马力拖拉机配套液压翻转犁一直饱受诟病，作业性能不稳定，整机可靠性差，关键部件的材料及工艺技术落后，生产制造水平较低，犁体区域适应性差，导致国产犁的性能和使用寿命大大低于国外高端犁。大马力配套犁项目作为兵团重大科技项目，于 2017 年末正式启动，项目组从结构设计、材料工艺和制造质量等多方面协同攻关，通过两年的技术攻关和大田试验考核，自主创新研制的 200 马力以上拖拉机配套犁整体性能与质量明显提升，在各项应用数据方面已经与德国雷肯犁相当。截至目前，基于该项技术的大马力配套犁已在北疆累计作业 15 000 余亩，各项性能指标均达到预期目标。为检测机具对不同地域土壤的适应性，今年春季项目组又在南疆开展了近 10 000 亩的生产考核试验，机具性能稳定，作业效果理想。目前，大马力拖拉机配套犁关键技术研发应用已取得阶段性成果。

200 马力以上拖拉机配套犁关键技术及制造工艺的研发与应用

多胎萨福克的选育提高及示范推广

项目围绕多胎萨福克的选育提高及示范推广的目标，通过常规育种技术与现代生物技术的集成创新，强化优质、高产与抗逆等性状的聚合与协调改良，提升良种价值，使多胎萨福克羊得到选育提高和推广应用。集成高效繁殖技术，加速群体扩繁，提高供种能力，改良地方品种。同时，制定妊娠后期母羊的饲养标准和饲养管理规范，制定一套疫病防治规程，保障多胎萨福克羊高效的推广应用于新疆本地品种羊的杂交改良，促进肉羊产业快速发展。2018 年项目育成的多胎萨福克种公羊已推广 156 只，种羊推广至第三师等 6 个单位，杂交改良哈萨克羊等当地绵羊 5 591 只。建立绵羊多胎基因 *Taqman* 快速检测方法，对多胎萨福克羊及其杂交后代、多浪羊等 5 个品种 1 157 只进行多胎基因检测，对多胎萨福克种羊及其杂交后代进行辅助选育和杂交改良，达到了预期效果。研发多胎萨福

多胎萨福克的选育提高及示范推广

克母羊妊娠中后期的复合预混料 2 种。鉴定获得 10 株肠外致病性大肠杆菌。完成 810 份绵羊样本的免疫抗体监测。

新疆兵团南疆垦区典型区域盐碱地改良关键技术研究与示范

针对兵团南疆垦区典型区域土壤盐渍化特征，开展兵团南疆垦区草甸土壤盐渍化、平原水库区土壤盐渍化和农田土壤次生盐渍化防控技术研究。通过项目的实施，确定了兵团南疆

垦区盐碱地适宜的改良关键技术，自主开发出了成套耕地排水脱盐器材生产设备地埋渗排管系列规格产品，开展了南疆垦区典型区域盐碱地改良技术集成，效果显著。通过水盐监测设备测出的数据，目前 20 厘米、40 厘米土层含盐量分别为 150 毫克 / 千克、280 毫克/ 千克，较灌排水前分别降低了近 200 毫克 / 千克和 300 毫克 / 千克。建设前排水矿化度为 28.5 克/升。灌排近 3 年后，目前试验区排水矿化度下降至 13.7 克 / 升。

新疆兵团南疆垦区典型区域盐碱地改良关键技术研究与示范改良前

新疆兵团南疆垦区典型区域盐碱地改良关键技术研究与示范改良后

（三十六）新疆维吾尔自治区畜牧科学院

1．机构发展情况

新疆畜牧科学院成立于 1982 年，隶属自治区畜牧厅，为自治区公益一类事业单位。主要职责是根据国家和自治区有关法律、法规和政策，承担国家和自治区的畜牧科技研究、开发、示范、推广和应用等工作。全院现有经开区、高新区和沙依巴克区 3 个科研办公区，建筑面积近 5 万平方米。院机关内设 5 个处室——办公室、科技管理与国际合作处、计财审计处、组织人事处、纪检监察室，所属 7 个研究所——畜牧研究所、兽医研究所、草业研究所、畜牧业经济与信息研究所、生物技术研究所、饲料研究所、畜牧业质量标准研究所以及 2 个中心——离退休职工服务管理中心、新疆畜牧科学院工程咨询中心。截至目前，全院在职职工 362 名，其中专业技术人员 278 名，专业技术人员中正高级职称 46 人，副高级职称 113 人，博士 29 名、硕士 110 名，35 岁以下人员 85 名，有博士生导师 4 人、硕士生导师 25 人。现有"百千万人才"国家级人选 2 名，享受国务院政府特殊津贴专家 31 人（其中在职 6 人），自治区"天山领军人才" 1 人，自治区有突出贡献优秀专家 6 名，进入国家现代农业产业技术体系 9 人（其中首席科学家 1 人、岗位科学家 6 人、综合试验站站长 3 人），自治区"天山英才"工程培养人选 21 人（其中第一层次 2 人），自治区高层次人才培养对象 5 人，国家农业科研杰出人才获得者 1 人，全国农业先进个人获得者 1 人，"开发建设新疆奖章"获得者 1 人，自治区"三八"红旗手 1 人，自治区巾帼建功标兵 2 人，自治区优秀归国留学人员 3 人。聘请 2 名中国工程院院士和 14 位国内知名专家为我院客座研究员。

2．科研活动及成效情况

（1）科研课题数量及重要研究进展

围绕国家和自治区畜牧业科技重点积极争取项目，全院获批立项 69 项，合同经费 2 129 万元，其中研究项目 28 项；在研科技项目 86 项，到位经费 4 746 余万元。其中，100 万元以上课题 14 个、500 万元以上课题 2 个。自治区重大科技专项"和田地区（多胎羊和鸽）适度规模高效养殖技术体系集成与示范"团队，在探索建立适合南疆农区多胎羊、鸽、鹅为主导的产业科技精准扶贫模式基础上，研发建立种鸽性别基因鉴定技术，实现了种鸽"精准繁育"，蹲点种鸽和种羊繁育基地加大技术指导。绵羊基因编辑技术应用研究实现突破，获得 51 只基因编辑羊，常规扩繁获得 12 只基因编辑羊后代，为利用基因编辑技术培育绵羊新品种奠定了基础。建立新疆13个地方绵羊品种的重测序和主要遗传变异数据库，挖掘出一批新功能基因。苏博美利奴羊改良低产羊8.6万只，生产性能测定1.8万只。组建多胎细毛羊核心群1 200只、推广冻精3 000剂。获得16个毛用性状的遗传参数和育种值估计值。

（2）科研成果

承担修订地方标准17项。授权国家发明专利4项、实用新型专利11项、计算机软件著作权1项。出版著作1部，译著1部，发表论文28篇，其中SCI一篇。制作维汉双语畜牧实用技术手册4本、宣传挂图4幅。

（3）人才培养

1人获得国务院政府特殊津贴、14人入选农牧业科研骨干人才培养并赴内地对口培训。推荐入选自治区天山英才工程第二期第一层次培养人选3人、第二层次培养人选18人，获资助108万元；1人参加"西部之光"访问学者培训，1人获批非教育系统公派出国留学；高度重视和加强少数民族科研骨干培养，选派8名少数民族科研人员赴中国农业科学院、新疆农业大学等参加特培。1人被评为"第五届中国畜牧行业先进工作者"。

（4）对外合作交流

成功协办"中国畜牧兽医学会公共卫生学会分会第六次学术研讨会"、举办全国"2018年包虫病防控技术培训班"，搭建高层次学术交流平台。接待4位外国专家学术访问。完成5批19人因公出国（境）学习培训和合作研究任务。参加全国学术会议17人次，受邀学术报告6人次，进修学习9人次。组织参加首届中国国际进口博览会，经过2天紧张谈判，我院与LL新几内亚投资有限公司、巴布亚新几内亚商务部签订合作备忘录，承担在巴新建立一体化养殖农场可行性研究报告编制任务，紧张有序开展签署技术服务合同各项准备。

（5）科研条件

在自筹资金建成经开区2.3万米²"科研综合楼"和高新区7 293米²"动物疫病防控技术研究中心"，在沙区建设1.2万米²"现代畜牧科技企业孵化园"基础上，2018年以完善动物疫病防控研究条件为重点，筹资4 800万元启动了P3实验室、农业农村部兽用药物与兽医生物技术学科群新疆科学观测

苏博尔羊成年公羊

站、临床兽医实训基地及人畜共患包虫病检测试剂盒中试生产车间等建设，完成了 P3 实验室土建施工，中试车间改扩建任务，科学观测站通过验收。申报"羊生物育种技术国家地方联合工程研究中心"通过国家发改委立项。全院现有 5 个省部级实验室、5 个国家和省部级工程（技术）研究中心、近 20 个试验站。

（6）科技成果转化推广

积极落实国家促进成果转化政策和"新疆科技九条"，研究出台了《新疆畜牧科学院促进科技成果转化暂行办法》，并率先在全区科技系统兑现了成果转化奖励，激发调动了科技人员的积极性，2018 年全院技术收入（含科技成果转化）960 万元。

（7）科技扶贫

一是畜禽养殖"四良一规范"技术服务。根据原畜牧厅党组要求，我院承担全区畜禽养殖"四良一规范"整县（市）推进工作。遴选巴楚县、洛浦县、新源县、昌吉市、福海县为2018 年示范县市，组成 5 个技术服务组，下沉县市指导把握总体要求和推进目标，根据县市实际细化了实施目标任务，落实了各承担主体责任，完善了推进措施，指导完善县市实施方案，5 个技术服务组定期蹲点开展技术服务工作。二是产业扶贫工作。我院承担了和田地区 7 个贫困县市的扶贫工作，组织全院 76 名专业技术人员对口包联下沉入户核定草原管护员 2 000 人、庭院养殖户 2 148 户，2 000 名草管员全部建档立卡并纳入县（市）当年扶贫计划，先后 6 批次下沉完成调换草管员信息核对录入与系统备案、补助工资发放、岗前培训等工作，组成 7 个专家组常驻指导科技扶贫工作。三是按期完成定向服务和科技培训任务。成立由院领导牵头的 3 个技术服务队，针对南疆农区实际，组织编制肉羊、肉牛、鸡、鸽维汉版实用技术手册和技术明白纸，落实我院负责的巴楚县 7 个"访惠聚"工作队所在村和 7 个深度贫困村的技术培训。承担编制《和田地区脱贫攻坚产业发展规划（2018—2020年）》中畜牧业发展、草业发展、畜牧业标准化生产、庭院养殖 4 个方案得到地委和行署高度认可。采取组团方式赴南疆四地州 48 个"访惠聚"工作队所在村开展科技服务，选派专家参加科技法律五下乡和艰苦边远地区技术服务等公益服务，举办技术培训和入户指导 110余场次，培训 22 600 余人次。为地县编制产业规划、产业园建设方案等 10 余个。制作完成

基因编辑羊后代

《科学防治布鲁氏菌病、包虫病》宣传片。立足我院科技培训中心、农业农村部123站等平台培训1 298人次，其中，国家人社部高级研修班2期191人，职业技能鉴定学生218人、教师34人，农民职业培训96人，行业专业技术人员709人。组建讲师团在和田7个县市和伊犁新源县开展"动物疫病和畜禽科学养殖实用技术"培训，提高村级防疫员的业务水平和理论知识。承担完成国家农业农村部、自治区党委农办、自治区人民政府办公厅、自治区畜牧厅等组织的专项调研，并形成《新疆畜牧业提质增效专项调研报告》《促进北疆农区发展政策建议》《畜牧业新业态调研报告》等专题报告。四是扎实开展技术集成示范推广。共建新疆畜牧科学院伊犁分院和10县市工作站，新建的阿克陶县"畜牧科学院工作站"联合国内专家编制该县驴产业规划，推广驴饲料配方5个，经济效益有明显提高。在喀什等地开展肉羊同期发情、腹腔镜深部输精及B超早期妊娠鉴定服务2 500余只。在尼勒克县和博州开展优质肉牛规模化健康高效养殖技术集成示范。在全区5个种羊场、6个示范基地开展细毛羊种羊选种选配、鉴定、剪毛、分级整理、快繁等技术示范与推广，为10余家企业编写畜牧建设项目方案及育种规划。五是加大对口贫困村帮扶力度。我院扶贫对口帮扶村调换至喀什地区巴楚县色力布亚镇拜什普（15）村，院党委安排驻村工作队认真梳理，筹集落实18万元扶贫资金，用于发展奶牛托管所、经济作物高效种植生产技术示范，帮扶该村23户贫困户当年脱贫。